水産学シリーズ

110

日本水産学会監修

# 生物機能による環境修復

## —水産におけるBioremediationは可能か

石田 祐三郎
日野　明徳 編

1996・10

恒星社厚生閣

# まえがき

地球的規模で環境汚染が進行する中で，海洋を主要な場とする水産業が様々な種類の汚染に曝されるとともに，漁業自体の生産努力が結果として増養殖による自家汚染をも招き，より深刻の度合を深めている．日本水産学会は早くから漁業環境問題特別委員会（現在の水産環境保全委員会）を設置し，問題解決に取り組み，将来的展望に立った多くのシンポジウムおよび研究会を企画してきた．一方，自然界で行われている多様な生物，とりわけ微生物による有機物の分解無機化を，人為的により有効にコントロールして環境修復技術として活用する研究が進められている．しかし，陸上はともかく，水圏すなわち海洋・湖沼においては流動開放系であることによる実用化の困難さなど様々な問題が残されているとは言え，これからの水産の分野において，持続的生産を目指す水産業を推進するための海洋環境保全の究極の科学技術として生物的修復（バイオリメディエーション）技術に期待するところ極めて大きい．

水産環境保全委員会では，上記の背景及び研究状況を考慮して平成 8 年度日本水産学会春季大会のシンポジウムとして，大和田紘一・日野明徳・平山和次・福代康夫及び山田　久が中心となって，「生物機能による環境修復」を企画した．内容は，近年，海洋環境中に放出されている難分解性の物質も含めて生物，とりわけ微生物による無機化を人為的にコントロールするバイオリメディエーションの水産分野における可能性についてさまざまな角度から最近の研究を紹介したものである．

本書はこの記録をまとめたものである．水産の分野におけるこの研究は始まったばかりで，未熟であることを認めざるをえないが，持続的生産をめざす水産業にとってかなり可能性の高い科学技術であることには変りない．これを機会に研究が大いに推進されることを期待したい．

石田祐三郎

# 生物機能による環境修復　目次

# Environmental Bioremediation by Biological Processes

## —The Possibility of Bioremediation in Fisheries Environments

Edited by Yuzaburo Ishida and Akinori Hino

# 1．バイオリメディエーションの水域環境への適応

矢木修身*・内山裕夫*・岩崎一弘*

最近，環境関連分野においてバイオリメディエーション（Bioremediation）という言葉が頻繁に使われるようになった．バイオリメディエーション技術とは，微生物，植物および動物などのもつ生物機能を活用して汚染した環境を修復する技術であり，現在のところ適当な訳語はないが，しいていえば生物による環境修復技術といえよう．

生物を用いる環境浄化技術として，これまでに排水処理や有害物質分解微生物の開発などの多くの技術開発がなされてきた．しかしながら，最近の環境汚染は，トリクロロエチレンやテトラクロロエチレンなどの発ガン性を有する揮発性有機塩素化合物による世界的な地下水汚染，また船底塗料や漁網塗料で使用されていた有機スズによる魚介類や底質の汚染，タンカーのバラスト水や廃油による沿岸域の油汚染，さらに工場跡地などにおけるカドミウム，水銀などによる重金属汚染などの低濃度，広範囲な地球規模の汚染あるいは土壌汚染などが問題となっており，これらの汚染の浄化には従来の物理化学的処理では対応が困難なため，バイオリメディエーション技術の活用が注目されはじめている．

ここではバイオリメディエーション技術の水域保全への活用の可能性ならびにバイオリメディエーション技術の現状，さらにバイオリメディエーションの今後の課題について述べる．

## §1．水域環境汚染の現況

わが国と先進国および発展途上国における水質汚濁の現況を表1·1に示す．わが国では，有害物質として水銀，カドミウム，6価クロム，ヒ素などの重金属やテトラクロロエチレンやトリクロロエチレンなどの有機塩素化合物の環境基準が決められているが，これらの物質による汚染は，過去に比べ著しく改善

* 国立環境研究所

された．しかしながら，海外においては重金属汚染は大きな問題となっており，特にブラジル，中国，旧ソ連，イラク，フィリピン，ニカラグアなど多くの開発途上国において，各種事業所および金採掘現場より多量の有機および無機水銀が排出し，環境汚染を引き起こしている．また，米国や，ドイツ，オランダ，

表1·1　水質汚濁の現況

| 水質汚濁 | 日　本 | 開発途上国 | 先進国 |
|---|---|---|---|
| 1. 有害物質による汚染（健康項目）<br>シアン，アルキル水銀，総水銀，<br>有機リン，カドミウム，鉛，<br>ヒ素，6価クロム，PCBなど | 改　善 | 深　刻 | 改　善 |
| 2. 有機汚濁（生活環境項目）<br>COD（化学的酸素要求量）<br>BOD（生物化学的酸素要求量）<br>P（リン）<br>N（窒素）<br>油 | 改　善<br>および<br>顕　在<br>（中小河川，<br>閉鎖性水域） | 深　刻 | 改　善 |
| 3. 地下水汚染<br>トリクロロエチレン<br>テトラクロロエチレン<br>1,1,1-トリクロロエタン<br>硝酸 | 深　刻 | 深　刻 | 深　刻 |
| 4. 海洋汚染<br>油（タンカー事故）<br>PCB<br>重金属 | 顕　在 | 顕　在 | 顕　在 |
| 5. 湖沼の酸性化 | 進行中 | 深　刻 | 深　刻 |

ブルガリア，ポーランドなど欧州諸国の廃棄物処分場，工場跡地などで，カドミウムや鉛などによる高濃度，広範囲な大規模な汚染が報告されている．さらに海域でのスズによる魚介類の汚染も深刻である．平成 4 年度の日本における環境調査では，トリフェニルスズは，70 の魚の検体のうち 40 の検体で検出され，0.26 ppm もの汚染が見いだされた[1]．

有機汚濁に関しては，わが国では全体の 3 割の水域で環境基準が達成されておらず，特に湖沼や内湾，内海などの閉鎖性水域および都市内の中小河川の汚

濁はあまり改善されていない．これは，私たちが日常生活で，台所，風呂，洗濯，水洗便所から，BOD（生物化学的酸素要求量），COD（化学的酸素要求量）で表される有機物や富栄養化の要因となるリンや窒素を含んだ生活排水を多量排出しているからである．したがって，多くの湖沼では富栄養化が著しく進行し，大規模な水の華の発生をみるなど，良好な飲料水としての水源確保が困難となっている．また都市内の中小河川や，内湾，内海などの閉鎖系水域においても水質は悪化傾向をたどり，赤潮が発生し，大量の魚のへい死を引き起こしている．

有機塩素化合物であるトリクロロエチレンやテトラクロロエチレンは，難燃性で脱脂洗浄力が強く，世界中で多量使用されているが，世界中の土壌・地下水中から検出され，発ガン性があることから大きな問題となっている．特に日本の大都市では，飲料水に不適な井戸が5％も存在している[2]．

PCB は，難燃性で微生物分解を受けず長期的に安定な物質なため，合成化学物質の中で今世紀最大の発明品といわれたがカネミ油症事件で一転して悪玉の代表となってしまった．北極のシロクマさえも高濃度の PCB で汚染されている[3]．

ダイオキシンはゴミの焼却中に非意図的に発生するといわれるが，モルモットに対する $LD_{50}$ は1 $\mu$g / kg であり，これまでに合成された化学物質の中で最大の毒性を有する．微量であるが環境中の魚の半分から検出されている[3]．

海域の油汚染も大きな問題となっている．1989 年 3 月のアラスカ沖でのタンカー　エクソン社のバルディーズ号の座礁で約 4 万 *kl* 原油が流出した．4 か月の間に 3,200 km の海岸とその沖合い 800 km が汚染され，90 種 3 万羽の鳥の死骸が回収されたが，実際には 10～30 万羽が死んだと推定されている．また数千頭の海洋哺乳類，数百の禿鷲が死に，ニシン漁ができなくなった．このような規模の事故は，毎年 1 回は起き 1993 年 1 月のタンカー　マースクナビゲーター号がインドネシアスマトラ島で，1994 年 3 月タンカー　セキ号がオーマン湾でおこした事故など依然としてタンカー事故が絶えない．

## §2．水域における活用可能なバイオリメディエーション技術

現在，バイオリメディエーション技術は，そのほとんどが微生物を用いた土

壌修復に活用されており[4]，水域における活用例は，まだ緒についたばかりであるが，今後活用が期待される生物，対象物質および対象場所を表1·2に示した．

表1·2　水域におけるバイオリメディエーション技術（分解・蓄積）の対象物質と活用生物

| 汚染物質 | 河川（底質） | 湖沼（底質） | 海域（沿岸） | 排水処理 |
|---|---|---|---|---|
| 重金属（蓄積，分解） | | | | |
| Hg | 植　物 | 植　物 | 微生物 | 微生物 |
| Cd，Pb | 植　物 | | 植　物 | |
| $Cr^{6+}$ | | | | 微生物 |
| 化学物質（分解） | | | | |
| PCB | | | | 微生物 |
| トリクロロエチレン | | | | 微生物 |
| テトラクロロエチレン | | | | 微生物 |
| 農薬 | 植　物 | 植　物 | | 微生物 |
| 有機物質（分解，蓄積） | | | | |
| BOD，COD | 微生物 | 微生物 | 微生物 | 微生物 |
| 窒素 | 植物・微生物 | 植物・微生物 | | 微生物 |
| リン | 植　物 | 植　物 | | 微生物 |
| 油 | | | 微生物 | 微生物 |

重金属に関しては，水銀，カドミウム，鉛を高濃度に蓄積する植物が見いだされており，米国では蓄積能の強化が検討されている．水銀に関しては，有機水銀を無機水銀に加水分解し，さらに金属水銀に還元する多くの微生物が見いだされており，筆者らも100 ppmの塩化第二水銀を金属水銀に還元し，水中あるいは土壌中から水銀を除去できる種々の組換え微生物を開発している[5]．大竹らは，6価クロムを3価に還元し，沈澱除去できる細菌 *Enterobacter cloacae* HO-1を見いだしている[4]．

またPCB，テトラクロロエチレン，トリクロロエチレンなどの有機塩素化合物を分解する種々の微生物が分離されている．微生物を水域で活用することは今後の課題であるが，活性汚泥，生物膜，底質に組み込んで活用することが有効と考えられる．最近，農薬の分解遺伝子を導入した種々の農薬分解植物が開発されており，これらの植物を用いた河川，湖沼の浄化が期待される．

BOD や COD 成分の除去には，河川中に微生物の住みかを増やして浄化に役立てる工夫がなされている．また富栄養化の原因となる窒素，リンの除去には植物を用いることが，さらに油に関しては微生物を活用することが可能と考えられる．

## §3．バイオリメディエーション技術とは

バイオリメディエーション技術とは，微生物，植物および動物のもつ機能を活用して汚染した環境を修復する技術であるが，現在，実用化されているのはほとんどの場合微生物を活用したものであるため，ここでは微生物分野のバイオリメディエーション技術を紹介する．バイオリメディエーション技術は以下に示す Biostimulation と Bioaugmentation の 2 つの方法に分類される．① Biostimulation は，汚染した土壌・地下水に窒素，リン，有機物，空気などを導入し，現場に生息している微生物の浄化活性を高める方法であり，② Bioaugmentation は汚染現場に浄化微生物が生息していない場合に，培養した浄化微生物を導入する方法である．汚染した環境を病人に例えると，栄養をとり体力を増強させるのが Baiostimulation に相当し，症状が重い場合に投薬を用いて治療するのが Bioaugmentation に相当する．

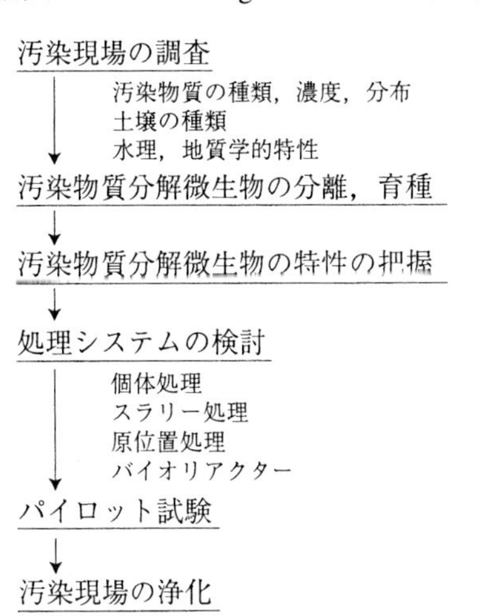

図 1·1 バイオリメディエーションのプロセス

バイオリメディエーションにおける最も重要なポイントは，有害物質を分解する微生物をいかに有効に活用するかということであるが，単に分解微生物を開発すればすぐに実用可能というわけにはいかない．バイオリメディエーションのプロセスは，医者が病人を治療するプロセスに似ている．バイオリメディエーションのプロセスを図 1·1 に示した．すなわち病気の症状，原因を明らかにした上で適切な治療が施されるが，バイオリメディエーション

の場合は，汚染の状況を正確に把握した上で対策を立てる必要がある．すなわち汚染物質の種類と濃度，汚染の広がり，汚染土壌の物理化学的性質，地下水の水理学的特性などを調べる必要がある．ついで現場における汚染物質の分解の可能性を明かにし，分解が困難な場合は，汚染物質を分解する微生物の分離，育種を試み，さらに分解微生物の特性を把握する．また汚染の状況に合わせて処理法を選択する．他の物理化学的処理法と併用されることも多い．

## §4．バイオリメディエーション技術の種類と特徴

固体処理（Solid phase bioremediation），スラリー処理（Slurry phase bioremediation），原位置処理（In situ bioremediation），バイオリアクター（Bioreactor）を用いる処理法がある．

### 4･1　固体処理

汚染土壌を一定の場所に集め土壌への通気，撹拌，さらに栄養物質（リン，窒素などの栄養塩類，有機物）を添加して処理する方法であり，表層土壌の油や有機溶媒などの易分解性汚染物質による汚染の浄化に適している．低コストではあるが処理期間が長くなる欠点がある（図 1･2）．

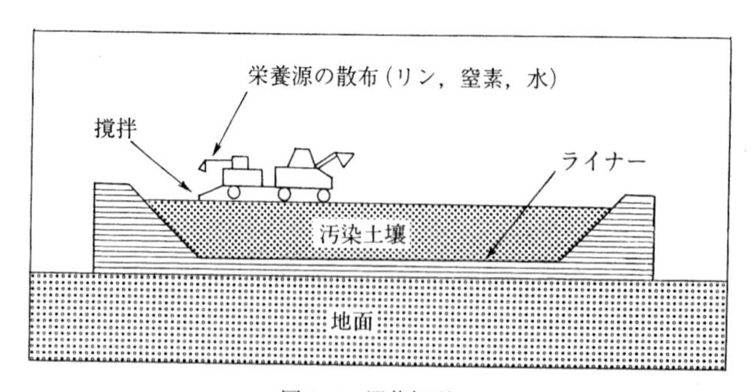


図 1･2　固体処理

### 4･2　スラリー処理

汚染土壌に水を加えスラリー状にし，これを反応槽中に移し，分解微生物や栄養物質を添加し，撹拌混合し処理する方法である．汚染物質が 2，4-D やペンタクロロフェノールのように難分解性で，かつ高濃度である場合に適してい

る（図1·3）.

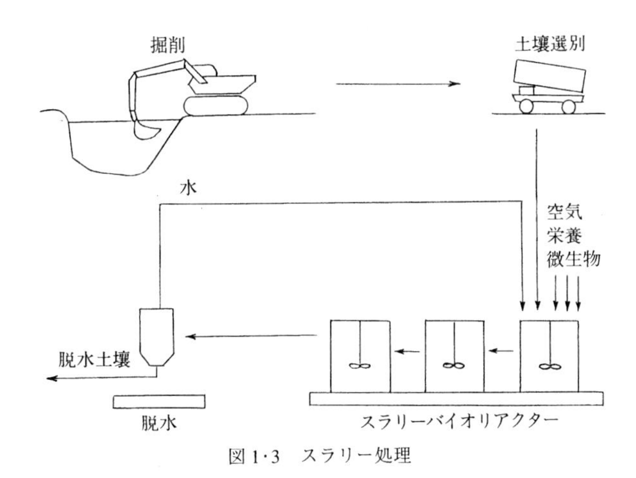


図1·3　スラリー処理

### 4·3　原位置処理

汚染現場土壌中に栄養物質，酸素あるいは空気，場合によっては分解微生物を添加して土壌の分解能を向上させる方法で土壌の掘削が不要であり，建物が立っている地下土壌の修複が可能である（図1·4）.

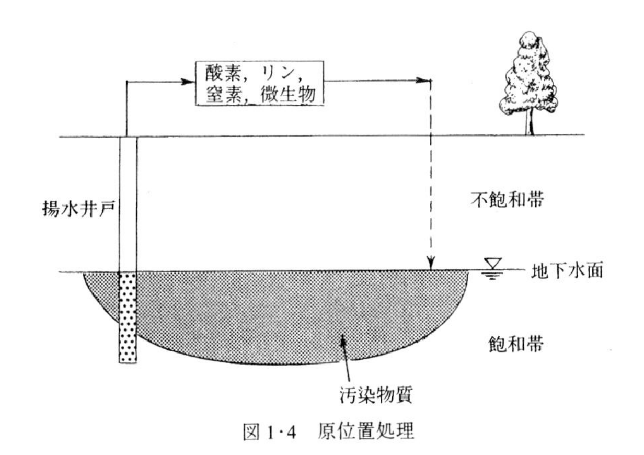


図1·4　原位置処理

### 4·4　バイオリアクター

汚染した地下水を汲み上げて地上で処理することができ，地下水，排水および排ガスの処理に適している（図1·5）.

予備実験で最も適した処理方法を選択した後，次にパイロットスケール規模での効果試験を実施した上で現場への適用が可能となる．以上述べたようにバイオリメディエーションの実施に至るには，生物，化学，工学などの多くの分野の研究が必要である．

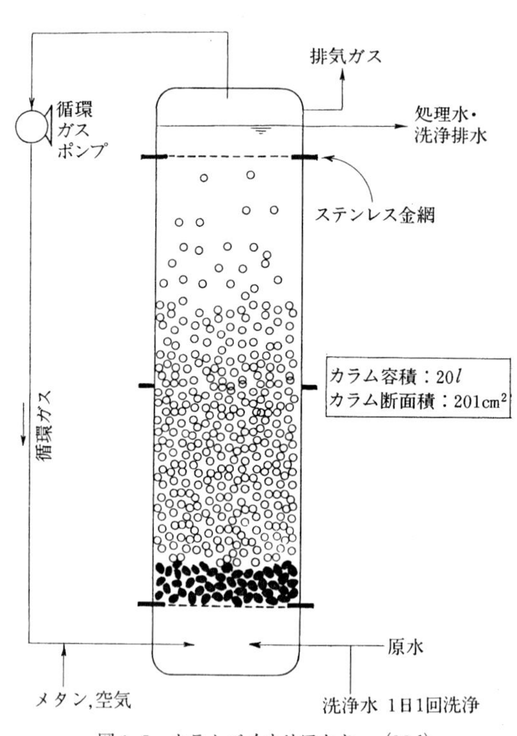


図1·5　カラムバイオリアクター（20 l）

バイオリメディエーションの長所は，①自然のもつ浄化能を活用するため，常温，常圧で反応が進むため省エネルギー的技術である．②薬品を使用しないため二次汚染が少ない．③原位置での汚染の修復が可能である．④低濃度，広範囲の汚染の浄化に適応できる．⑤他の処理法と比較しコストが安いことなどがあげられる．また，短所としては，①種々の物質で汚染されている場合は，技術開発が必要である．②物理化学的処理に比べ浄化に長期間を要する．③生分解されない物質には適応できない．④有害な中間分解生成物の有無を調べる必要があるなどがあげられる．

## §5．土壌・地下水浄化のためのバイオリメディエーション技術の開発

全国各地の地下水中からトリクロロエチレンやテトラクロロエチレンなどの揮発性有機塩素化合物が検出され，これらが発癌性を有することから大きな問

題となっている．このため，1994年2月に，トリクロロエチレン0.03 mg / *l*，テトラクロロエチレン0.01 mg / *l*，1, 1, 1-トリクロロエタン1.0 mg / *l* の土壌環境基準が設定され，土地を所有する全ての人に対し浄化の義務が生じ，大きな関心事となっている．現在，有機塩素化合物による土壌・地下水汚染対策として，地下水を揚水し，ばっ気による大気への揮散，あるいは活性炭による吸着除去，土壌ガスの真空抽出，あるいは汚染土壌の風乾などが実施されているが[2, 6]，コストの点や無害化処理技術でないなどの点で，バイオリメディエーション技術の開発に期待がかけられている．筆者らの研究成果を紹介する．

### 5·1 バイオリアクター

地下水や排水が有機塩素化合物のように毒性が強い難分解性の化合物で汚染されている場合，生物処理の効果を高めるためには，分解菌の濃度を高いレベルに保つことが必要となる．このような場合には，分解菌を固定化してバイオリアクターとして活用することが有利である．筆者らは35 ppmのトリクロロエチレンを分解できるメタン資化性菌 *Methylocystis* sp. M株を土壌より分離した[7]．このM株を用いてバイオリアクターの開発を試みた．M株を種々の方法で固定化し，排水および排ガス中のトリクロロエチレンの分解，除去を試みた結果，アルギン酸ゲルを用いて固定化した場合に，特にトリクロロエチレンに対し高い分解活性が認められた[8~10]．

そこで，20 *l* 容のガラス製円柱型バイオリアクターを荏原総合研究所と共同で開発し，これにアルギン酸カルシウムで固定化した菌体2.2 *l*（M株30g）を添加し，約1 ppmのトリクロロエチレン汚染水を上向流式で連続通水した（図1·5）．トリクロロエチレンは，メタンモノオキシゲナーゼにより分解されるが，メタンモノオキシゲナーゼ活性はメタンにより誘導されるため，分解活性を維持させるためにメタンを供給する必要がある．そこで，トリクロロエチレン分解時には低濃度のメタンを供給するとともに，1日おきにトリクロロエチレンの通水を停止し，高濃度のメタンと無機塩類を通水し活性回復運転を行った．トリクロロエチレン分解活性は，濃度に比例する一次反応で近似できることから一次反応定数 $k_1$（*l* / g / hr）も測定した．トリクロロエチレン分解・活性回復交互運転結果を図1·6に示す．運転開始6日目から15日目までの間は，1日おきに活性回復運転を行うことにより，トリクロロエチレン濃度が

0.1～0.2 mg / $l$ 程度の安定した処理水質を得ることができた．17 日目以降に，活性の回復の低下が認められたが，約 1 月間の連続運転が可能であった[11]．

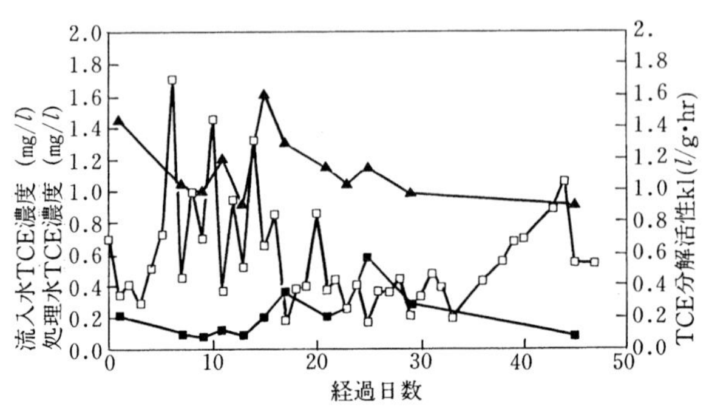


図 1·6　カラム連続分解試験

## 5·2　土壌浄化への活用

500 m$l$ 容ガラスカラムに各種の土壌を充填した後，各種濃度のトリクロロエチレンを添加して汚染土壌・地下水モデル系を作成した．図 1·7 は，川砂と水を充填しこれに各種濃度のトリクロロエチレンを添加し，土壌への吸着が平衡

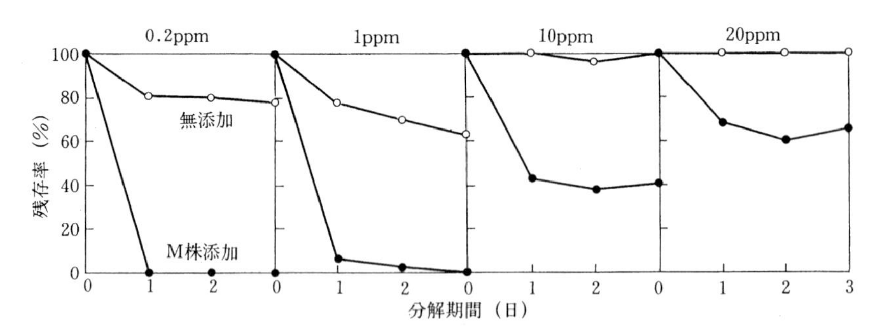


図 1·7　土壌中における各種トリクロロエチレン濃度の分解に及ぼす M 株の影響

に達した後に，M 株を OD が 660 nm で0.1（$10^7$ 個／m$l$）になるよう添加しトリクロロエチレンの分解を調べた結果である．0.2 ppm では 1 日で 95％以上が分解され，1 ppm，10 ppm，20 ppm では，それぞれ 90％，50％，30％以上が分解された．高濃度の場合，1日後に分解が停止する傾向が認められた

が，M 株はトリクロロエチレン汚染土壌の浄化に大変有効であることが判明した[12, 13]．

最近，微生物を活用した土壌浄化への関心が高まっている．カルフォルニア州の Moffet 海軍飛行基地に実験井戸を掘り，注入井戸にトリクロロエチレンおよび，酸素，メタンの飽和地下水を交互に注入し，水抜き井戸より汲み上げ，サンプリング井戸にてその減少を観察した実験では，注入井戸より 2 m 離れた地点でトリクロロエチレンが 20～30％減少したことが確認された．またトリクロロエチレンで地下水が汚染されている工場敷地内の井戸に *Pseudomonas cepacia*[14] と，栄養物質，酸素，無機塩類を注入し，下流の井戸水中のトリクロロエチレン，酸素濃度をモニタリングした実験がなされ，添加 7 日後には，2,500 ppb のトリクロロエチレンが 78 ppb にまで低下した報告がなされた．

### 5･3　現場実証試験

千葉市内のトリクロロエチレンで汚染した地層内に，空気およびメタンガスを注入し，汚染地層内に生息しているメタン資化性菌を増殖・活性化させて，原位置でトリクロロエチレン汚染地層を浄化する現場実証試験（原位置処理法）が，バイオリメディエーション・コンソーシアムと環境庁との共同で実施された．筆者らは本実証試験の技術評価を行っている．原位置処理法は，有害化合物質で汚染された不飽和土壌や地下水層を掘削することなく，井戸や散水溝を用いて地中へ窒素やリンなどの栄養源や酸素，必要に応じて微生物を注入して，有害化学物質の微生物分解を行う処理方法である（図 1･4）．

汚染場所は，工場敷地内の地表から 12～23 m の第一帯水層上部で，5 ppm のトリクロロエチレンにより汚染されていた．汚染の拡散を防止するために，揚水井戸から 100 トン／日の汚染地下水が揚水ばっ気処理された後に放流されている．この放流水 50 トンに，酸素 20 ppm，メタン 10 ppm，さらに窒素とリンを添加して上流側の注入井戸から 1 カ月間注入し，その後注入を停止した．7 m 下流のモニタリング井戸より採水し，トリクロロエチレンなどを測定した（図 1･8）．注入停止後，40 日以上経過してもトリクロロエチレン濃度は，ごく微量のままであり，顕著なバイオリメディエーションの効果が確認された[15]．日本で初めての試みである．

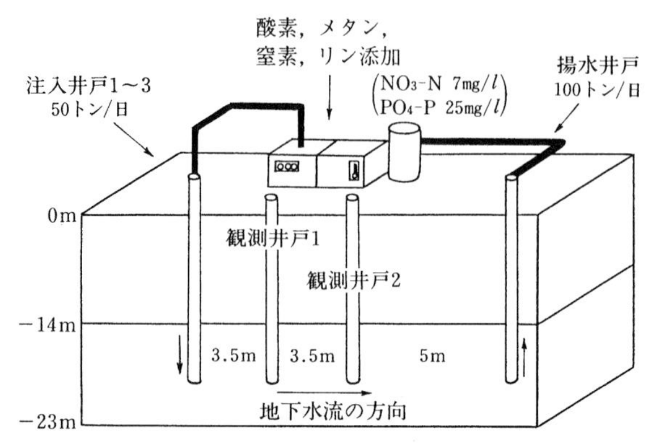


図 1・8　原位置バイオリメディエーションの概念図

## §6．今後の課題

アラスカ湾でのエクソンバルディーズ号の原油流出事故では 550 t の微生物栄養剤が散布され，海岸の浄化にバイオリメディエーションが大きな効果を示すことが実証されたことにより，バイオリメディエーションが注目されるようになった．また米国サウスカロライナ州のサバナリバー地域において，揮発性有機塩素化合物による地下水汚染の大規模なバイオリメディエーション技術による浄化の実証試験が実施され，効果が確認されている[16]．

わが国は，バイオテクノロジーの分野で世界で最も進んだ国の一つであり，環境保全を目的として，多くの研究がなされている．現在，トリクロロエチレン分解菌として，メタン資化性菌の他にフェノール分解菌，トルエン分解菌，アンモニア酸化細菌，プロパン酸化細菌，各種の炭素源で生育する通性嫌気性 *Bacillus* 属細菌などが見いだされ，分解遺伝子や分解能を有する組換え微生物が作成されている[17]．またリン蓄積に関与する遺伝子を導入した高濃度リン蓄積細菌や，PCB，BHC，塩素化芳香族，塩素化アニリンなどの有害化学物質の分解に関与する遺伝子も単離されている[4]．しかしながら，バイオリメディエーションを目的とする研究は，諸外国と比べると大変遅れており，水域の浄化への活用研究は今後の大きな課題と考えられる．バイオリメディエーション技術は省資源，省エネルギー的でクリーンな技術であり，次世代をになう技術といえよう.

## 文　献


1) 環境庁：環境白書，平成 6 年度版総説，1994，339.
2) 森田弘昭：用水と廃水，36，48（1994）.
3) 石　弘之：地球環境報告，岩波新書，(1990).
4) 児玉　徹他：地球をまもる小さな生き物たち－環境微生物とバイオリメディエーション－，技報堂出版，1995，238p.
5) K. Iwasaki *et al.* : *Biosci. Biotech. Biochem.*, 58（1），156（1994）.
6) 工業技術会：地下水汚染・土壌汚染の現況と対策（1993）.
7) H. Uchiyama *et al.* : *Agric. Biol. Chem.*, 53, 2903（1989）.
8) H. Uchiyama *et al.* : *Biotechnol. Letters*, 14, 619（1992）.
9) H. Uchiyama *et al.* : *Ferment. Bioeng.*, 77, 173（1994）.
10) 矢木修身他：水環境学会誌，15, 493（1992）.
11) 下村達夫他：地下水・土壌汚染の現状と対策（日本水環境学会関西支部編），環境技術研究協会，1995，183.
12) 矢木修身他： *BIO INDUSTRY*, 10, 13（1993）.
13) O. Yagi *et al.* : Lewis Publishers, Bioremediation of chlorinated and polycyclic aromatic hydrocarbon compounds, 1994, 28.
14) M. K. Nelson *et al.* : *Environmental Progress*, 9, 190（1990）.
15) M. Nishimura *et al.* : The field trial of in situ bioremediation in Japan., In situ and on-site bioreclamation. The 3rd Inter. Symp. April 24-25（1995）.
16) C. A. Eddy *et al.* : WSRC-RD-91-21, Westinghouse Savannah River Company, Aiken, SC.（1991）.
17) 日本水環境学会関西支部編：地下水・土壌汚染の現状と対策，環境技術研究協会，1995，289p.

# 2. 水域の環境汚染物質に対する バイオリメディエーション

川 合 真 一 郎*

本書の主題である Bioremediation というのはいろいろな生物が本来的に有している自然の浄化作用，つまり自浄作用を人間の手でさらに助長しようというものである．この自浄作用はよく考えるまでもなく生命がこの地球上に誕生して以来，植物や動物の遺体さらに老廃物を自然界のいろいろな生物が有効に利用している現象としてとらえることができる．

ところが急激な人口増加，しかも都市に集中する人口とそこで営まれる人間の諸活動により，環境に放出される様々な物質が自浄作用のおよぶ限界を超えてしまったところに今日の環境問題が顕在化したと考えられる．

また，人間の諸活動により放出されるいろいろな物質は量的な面もさることながら，質的な面でも非常に複雑化している．つまり，天然物（Naturally occurring substance）だけでなく，地球上の生物がこれまでの長い歴史の中で遭遇したことがない人工の有機化合物（man-made organics）が我々の身の回りにあふれかえっており，その数は 10 万種ともいわれている．その中には人間を含めた地球上のいろいろな生物の生存を脅かしたり，あるいは死に至らしめる物質の存在も知られている．

したがって，生物に何らかの影響をおよぼすことがわかっている物質，あるいはその可能性があると考えられる物質は環境中に出回る前に処理することができれば問題はないわけであるが，残念ながら上に述べたように我々の身の回りには微量～高濃度に多くの化学物質が負荷されている．

いったん環境中に出た人工有機化合物のあるものは，微生物の有する分解，代謝能により無機化あるいは無毒化される場合もあるが，天然有機化合物に比べると問題にならないほど分解率は低いと考える方が妥当である．

しかしながらあえて水中や土壌中の細菌による人工有機化合物の分解を調べ

* 神戸女学院大学人間科学部

ることには次の 2 つの意義があると思われる．すなわち，(1) 環境中における人工有機化合物の運命や挙動を明らかにする上で重要な情報を得ることができ，この情報をもとに新規化学物質の開発や用途，用法がいかにあるべきかを考え得る．(2) 環境中の細菌の中で人工有機化合物を強力に分解，浄化さらに無毒化するものがあればその有用菌を単独または混合培養系で積極的に活用し，さらにその機能を増強することによって特定の廃棄物や排水の処理に応用し得る可能性がある．バイオリメディエーションの概念もこの線上にある．

生物学的環境修復を考える際にまず，以下の事項を整理しておかなければならない．

(1) 今，環境中でいかなる汚染物質が問題となっているか．

(2) 問題となる化学物質は生物学的に分解・無毒化され得るのか，またどのような条件下で分解が生起しやすいか．

(3) 実験室的に汚染物質の分解，浄化がなし得たとしても，汚染現場での実用化は可能か．

本稿ではこれまでに筆者らが取り組んできた水界における汚染物質分解菌の探索結果および分解菌の諸性質について述べる．

## §1．淀川水系毛馬橋における有機リン化合物濃度の季節変化

冒頭にも述べたように現在，環境中に出回っている人工有機化合物の種類は膨大な数に上るが，このうち規制対象になっている物質は僅かであり，大半が対象外である．HCH（BHC と同一物），DDT などの殺虫剤や工業薬剤として用いられてきた PCB などの有機塩素化合物がそれらの毒性や残留性，生物への蓄積性のゆえに生産中止あるいは使用規制されていることは衆知のとおりであるが，これらに代わって現在，大量に使用されている物質群の一つが有機リン系農薬であり，有機リン酸トリエステル類である．とくに後者の有機リン酸トリエステル類（Organophosphoric acid triesters : OPE）はプラスチックの可塑剤や繊維製品，電気，電子器具に対する難燃加工剤として我々の身の回りの工業製品に，また工場では抽出溶剤や重合触媒，潤滑油添加剤として多目的に用いられている．現在使用中の OPE の種類は多いが，そのうちのいくつかはマラチオン，ジメトエート，ジクロロボスなどの有機リン系殺虫剤と同程度

表2·1　実験に使用した有機リン化合物

| 略　称 | 正　式　名 | 用　途 |
|---|---|---|
| **アルキル系トリエステル類** | | |
| TBP | リン酸トリ-n-ブチル | 可塑剤，触媒安定剤，殺虫剤 |
| TBXP | リン酸トリス（ブトキシエチル） | 可塑剤，消泡剤，ワックス添加剤 |
| TOP | リン酸トリオクチル | 電線被覆，塩ビ合成ゴム用可塑剤 |
| **ハロアルキル系トリエステル類** | | |
| TDCPP | リン酸トリス（1, 3-ジクロロ-2-プロピル） | 難燃剤，潤滑油添加剤 |
| TCEP | リン酸トリス（2-クロロエチル） | 難燃剤，安定剤，潤滑油添加剤 |
| **アリル系トリエステル類** | | |
| TPP | リン酸トリフェニル | 難燃性可塑剤，ゴム添加剤 |
| TCP | リン酸トリクレジル | 可塑剤，ラッカー添加剤 |
| **リン系農薬** | | |
| イプロフェンフォス | *S*-ベンジル　ジイソプロピル　フォスフォロチオレート | 殺菌剤 |
| ダイアジノン | ジエチル　2-イソプロピル-4-メチル-6-ピリミジニル　フォスフォロチオネート | 殺虫剤 |
| フェニトロチオン | ジメチル　4-ニトロ-*m*-トリル　フォスフォロチオネート | 殺虫剤 |

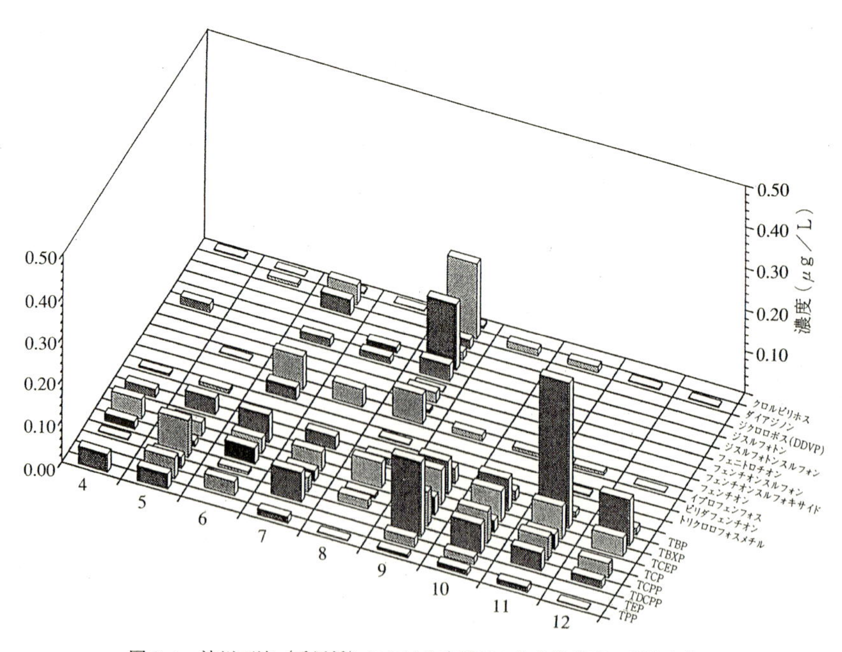


図2·1　淀川下流（毛馬橋）における有機リン化合物濃度の季節変化

の急性的魚毒性や脊椎骨異常をもたらしたり[1]，蓄積性を示すもの[2]，TDCPPのように変異原性を有するもの[3]，さらに神経毒性を示すTCP[4]などというように各種生物に対する毒性がかなり明らかにされており，要注意物質群である．

筆者らがこれまでに主として分析対象とした有機リン化合物の名称，用途は表2·1に示したとおりである．これらの有機リン化合物の定量はジクロロメタンによる抽出後，HP5890A キャピラリー GC-FPD により行った．

1992年4～12月までの毛馬橋における水中の有機リン化合物濃度は図2·1に示したとおりである．ここでは12種の農薬と8種の有機リン酸トリエステル類（OPE）を測定対象としている．農薬ではダイアジノン，ジスルホトンスルホンおよびイプロフェンフォス（IBP）が比較的高濃度であり，これらはいずれも使用時期を反映して6～8月の夏季に高いことがわかる．一方，OPEはTBXPとTDCPPが高く，濃度レベルは農薬よりも高い．また，OPEは一般に水中濃度の季節変化が明瞭でないことも特徴の一つといえよう．これらの結果から，有機リン化合物の中で難燃性可塑剤として用いられるOPEに注目することの重要性がうかがえる．

## §2. 大阪市内河川水中の細菌による有機リン酸トリエステルの分解

大阪市内の3地点で河川水を採取し，水中細菌による5種類のOPEの生分解性を調べた結果[5]を図2·2に示したが，いずれの地点においてもアリール系リン酸エステルのTPPの分解が最も顕著であった．TPPに関して培養開始後2～5日間という期間は水中の細菌がTPPの分解に関する代謝系を整える時期，あるいは分解菌が優位を占める時期とも考えられる．一方，含塩素リン酸エステルのTDCPPはいずれの地点においても全く分解が認められず，水環境での安定性が非常に高いことを示している．有機塩素化合物が生分解を受けにくいことはよく知られているが，このTDCPPに対しても当てはまる．

上に述べた傾向は調査時期が変わっても，また兵庫県武庫川において同様の調査を行った際にも認められており[6]，一般に，TPP，TCPなどのアリールリン酸エステルの分解が最も速く，次いでTBP，TEHPなどのアルキルリン酸エステルであり，TDCPPやTCEPなどの含塩素リン酸エステルは細菌によりほとんど分解されないといえよう．

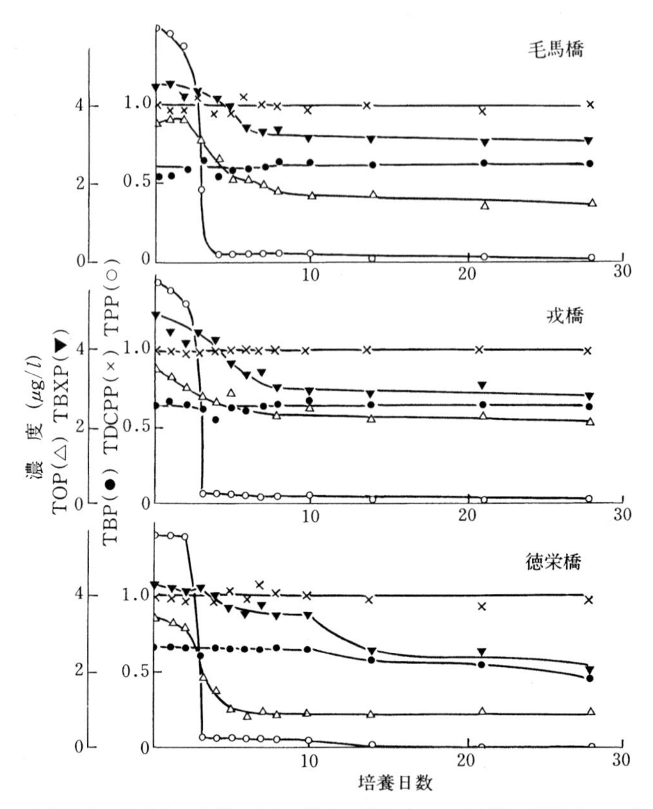


図 2・2 大阪市内の淀川水中細菌による有機リン酸トリエステル類の分解（1986 年 1 月）

## §3. 武庫川の水中から単離したリン酸トリクレジル（TCP）の分解菌の性質

アリールリン酸エステルは図 2・3 に示したようにリン酸トリフェニル（TPP），リン酸トリクレジル（TCP），リン酸クレジルジフェニル（CDP）およびリン酸キシレニル（TXP）などが知られており，このうち TPP や TCP が河川水中の細菌に比較的速やかに分解されることはすでに述べたとおりである．しかしヒトも含めた動物に対する TCP の遅延性神経毒性は古くから知られており，19 世紀の終わりにはすでに報告されている．近年の大量の使用よりもはるか以前に TCP が何故人体に取り込まれたかは不思議な感じを受けるが，その経路としては誤って飲用した場合と 1930 年代のアメリカにおける禁酒法時代にジンジャー飲料に意図的に加えられた場合の患者発生に大別される．神経障害をもたらすため歩行困難などの運動障害といった臨床所見が知られている[7]．

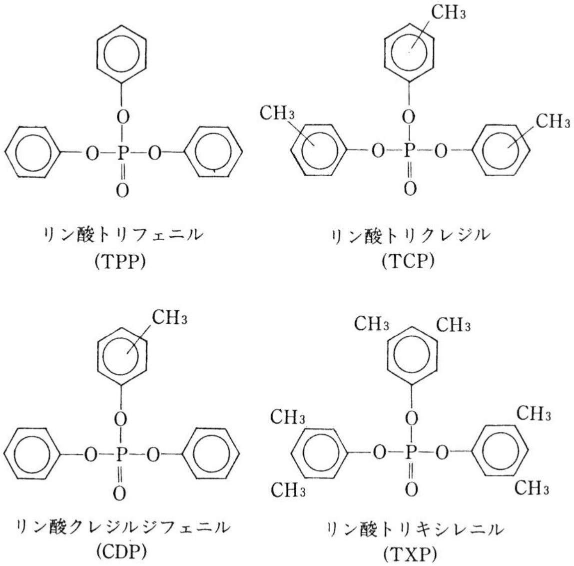

リン酸トリフェニル (TPP)

リン酸トリクレジル (TCP)

リン酸クレジルジフェニル (CDP)

リン酸トリキシレニル (TXP)

図2･3 トリアリールリン酸エステルの化学構造

現在，各種用途で使用中のOPEは20種以上あるが，この中でもTCPの使用量は多く約6,500トン／年といわれており，農業用のビニールシートや電子，電気製品の難燃加工に用いられている．

武庫川水系の上流（三田市）で採取した河川水にTCPを約1%濃度となるように添加し2ヶ月間馴養しているうちにTCPを強力にかつ，迅速に分解する細菌を単離し得た（便宜的にNo. 84株と称す）[6]．図2･4に示したように，無機塩培地中のTCPの初期濃度が53 μg / m*l*，菌濃度が$2.0\times10^{7}$ CFU / m*l*のとき1時間で80%が分解され，20時間後には培地中から完全に消失した．

無機塩培地中での菌密度（CFU / m*l*）とTCP（初期濃度4.5 μg / m*l*）分解との関係は図2･5に示した．$2.0\times10^{2}$ CFU/m*l*のときでも43時間後には培地中から検出されなかった．武庫川では河川水中での半減期はTCPの初期濃度が0.24 $\mu$g / m$l$ のときでも約 2 日間である[6] ことからすると No. 84 株の分解速度がいかに大きいかがわかる．しかもこの菌株が武庫川上流の相対的に清浄な水域から単離し得たことも興味深い．

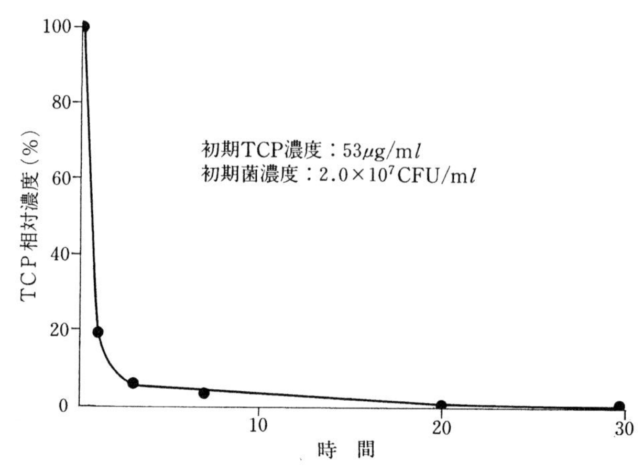


図 2・4　No. 84 株による高濃度 TCP の迅速な分解

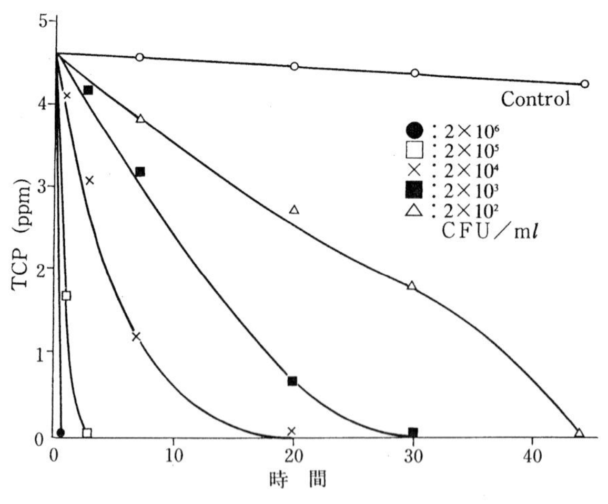


図 2・5　No. 84 株の細胞密度と TCP 分解との関係

無機塩培地中に炭素源として TCP のみを 62 $\mu$g/m$l$ となるように加え 10 日間，30℃で培養したときの TCP の分解と No. 84 株の増殖をみると図 2・6 のようであり，TCP を炭素源として利用し増殖することが明らかである．No. 84 株を音波処理により破砕して粗酵素液を調製し，4 種のアリールリン酸エステルに対する基質特異性について調べた結果を図 2·7 に示した．CDP の分解速度が最も大きく，次いで TCP であり，TPP，TXP の順となった．図 2·7 には示さなかったが TBP，TBXP，TEHP などのアルキル系および含ハロゲン系のリン酸トリエステル類は全く分解されなかった．また TCP 分解酵素の最適作用 pH は 8 付近，最適作用温度は 55℃付近にみられた．

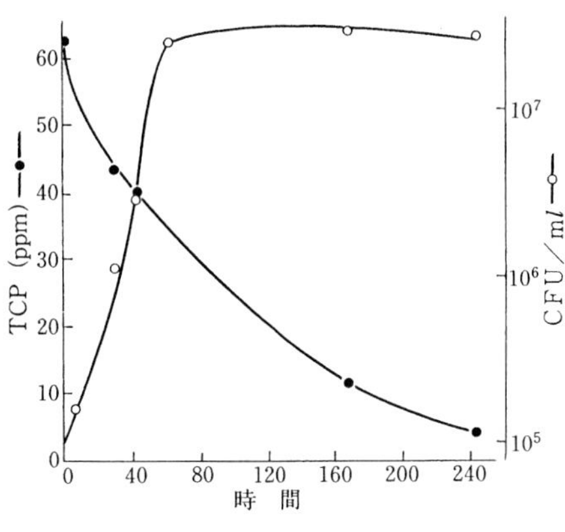


図 2·6　TCP の分解と No. 84 株の増殖

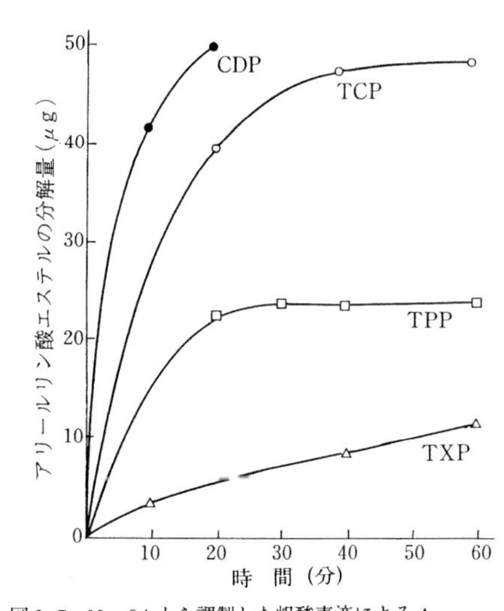


図 2·7　No. 84 から調製した粗酵素液による 4 種のトリアリールリン酸エステルの分解

河川水中の細菌のみならず河川や大阪港湾域の底泥中の細菌による OPE の分解についてもこれまでに調べてきた．調査対象として港湾域をとり上げる意義については次のように考えている．大阪港周辺海域は淀川本流だけでなく背後の大都市から大阪市内河川を通じて多種多様な汚染物質が負荷される水域であり，汚染物質の運命や挙動を把握する上で格好のフィールドであると同時に，大阪湾は生産力の高い海域であり，水産業上の価値も高く，汚染物質が漁業生物におよぼす影響を考える際に重要である．音波処理により底泥から脱離させた細菌による OPE の分解の様相は河川水や海水中の細菌におけるそれと類似しており，底泥中の細菌の方が分解活性が高いとはいえなかった[8]．

## §4. TCP の分解と代謝産物

人工の有機化合物の微生物分解について調べる際に親化合物の分解性，代謝・分解産物の同定，親化合物と代謝産物の毒性評価はワンセットで進められるべきである．TCP の分解について上に述べてきたが，ρ-TCP に関して代謝

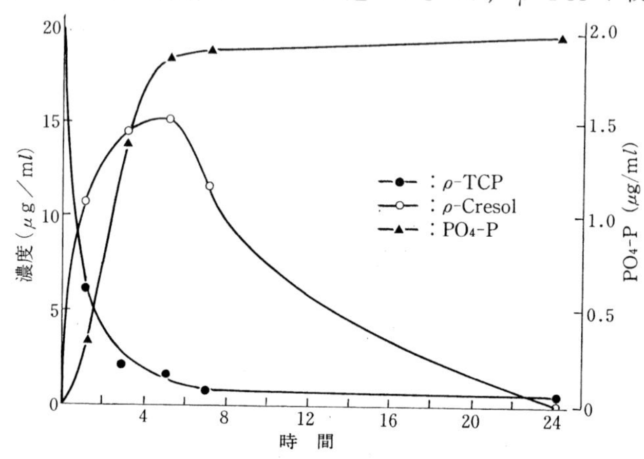


図 2·8　No. 84 株による ρ-TCP の分解と代謝産物
ρ-TCP の初期濃度：20 μg/ml

産物の生成状況を合わせて示すと図 2·8 のようである．培養 1 時間後における ρ-TCP の速やかな分解が認められるが，この状況と平行して代謝産物である ρ-クレゾールの生成がみられ，さらにこの ρ-クレゾールは No. 84 株による分解を受けて培養 24 時間後には培養液中から消失した．また，$PO_4$-P の生成は培養 5 時間後には平衡状態に達したことが明らかである．ρ-クレゾールを唯一の炭素源として No. 84 株を培養すると顕著な増殖がみられることから，この菌株が ρ-クレゾールを資化して最終的には無機化していると考えられる．*o*, *m*, ρ-TCP いずれも類似の傾向が認められたが，*o*-TCP は *m*, ρ-異性体よりも分解を受けにくく，その結果 *o*-クレゾールや $PO_4$-P の生成も低くかった．

TCP やその他の有機リン化合物の細胞毒性については以下に述べる．

## §5. 培養細胞を用いた有機リン化合物の毒性評価

水中の有機リン化合物の濃度レベルや水中細菌による分解，また特定の有機リン酸トリエステルの分解菌の単離などについては上に述べてきたとおりであ

るが，これらの有機リン化合物のうち農薬として使用されているもの以外，すなわち有機リン酸トリエステルについては生物に対する毒性がどのようかは情報が比較的少ない．ラット，マウス，魚類などの実験動物を用いる毒性評価も重要であるが，コスト，労力，時間がかかることに加えて，近年，動物愛護の観点からも動物実験代替法についての関心が高くなっている．3 つの R，すなわち Reduction（使用する実験動物の数を減らす），Replacement（動物を用いない実験に置き換える）および Refinement（動物実験にまつわる非人道性の排除）に配慮すべきであるといわれており，動物の苦痛についての議論も多い．このような状況の中で培養細胞を用いる毒性評価が見直されているのが現状である．

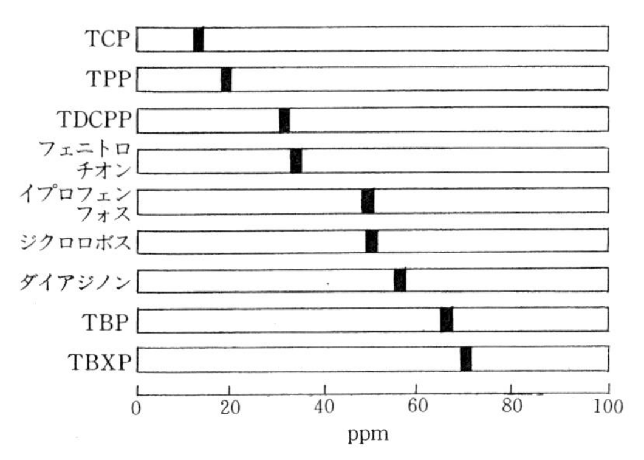


図 2･9　数種の有機リン化合物の HeLa 細胞に対する $IC_{50}$ 値

筆者らは数種の動物細胞，つまり HeLa 細胞（ヒト子宮頸部ガン由来），MA 細胞（サル腎由来），Intestine-407 細胞（ヒト胎児腸由来），RTG-2 細胞（ニジマス生殖巣由来）などの市販されている株細胞，および株化されていない若い細胞のクロダイの embryo 細胞 * を用いて各種環境汚染物質の毒性評価を行ってきた．図 2･9 は HeLa 細胞の培養液に各種有機リン化合物を添加したときの細胞の増殖が対照に比して 50％阻害される濃度（50％ Inhibition Concentration : $IC_{50}$）を示したものである．本図からも明らかなように TCP の $IC_{50}$ 値は 12 $\mu g/ml$ であり，細胞毒性が最も強く，次いで TPP，TDCPP の順とな

* 青海忠久・松本二郎：平成 2 年度日本水産学会秋季大会講演要旨，132.

る．これらの OPE は農薬のフェニトロチオン，イプロフェンフォス，ジクロロボス，ダイアジノンよりも細胞毒性が強く，とくにアリール系 OPE の TCP や TPP で毒性が強い．培養細胞という *in vitro* の系における結果を直ちに全動物に適用することはできないにしても一つの評価手段としては有効と考えている[6]．

先に武庫川の水中から TCP を強力に分解する細菌を単離し得たことを述べたが，ここで気がかりなことは分解が直ちに無毒化につながるかどうかという点である．そこで，TCP 分解菌 No. 84 株から調製した粗酵素液を濾過滅菌したのち HeLa 細胞の培養液に少量加え，TCP の細胞毒性が緩和されるか否かを調べた．結果は図 2·10 に示したように粗酵素液無添加の場合は 40 $\mu$g / m$l$ の TCP 濃度で細胞は完全に死滅したが，酵素を添加すると 60 $\mu$g / m$l$ の TCP 濃度でも増殖が阻害されず，TCP が 80 $\mu$g / m$l$ の高濃度のとき対照よりも増殖が 20％阻害された．このことから No. 84 株の有する TCP 分解能は TCP の強い毒性を無毒化する，あるいは軽減することが明らかとなった[6]．

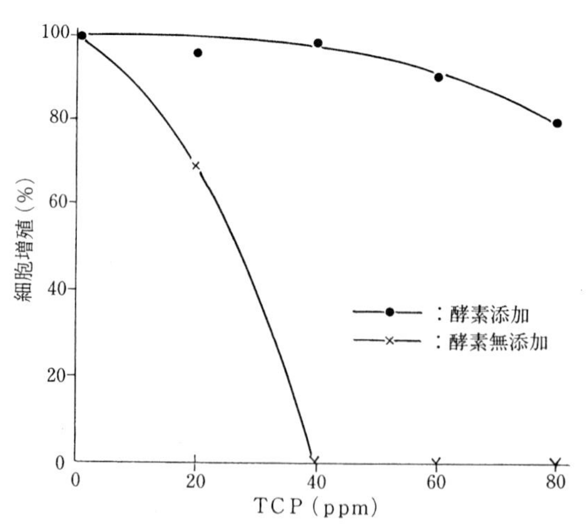


図 2·10　No. 84 株から調製した粗酵素液の添加による TCP の細胞毒性の緩和

このように，培養細胞を用いることにより汚染物質の毒性をスクリーニングすることが可能であるだけでなく，汚染物質の分解菌が当該物質を無毒化しているかどうかを評価する際にも有効である.

バイオリメディエーション技術開発の基礎となる化学物質の微生物分解について筆者らがこれまでに取り組んできた難燃性可塑剤の TCP の細菌による分解や河川水中から単離した分解菌のいくつかの性質を述べた. これらの有用菌を環境浄化へどのように応用していくかは今後の大きな課題である.

バイオリメディエーションの実施例については本書の第 1 章で詳しく述べられているように, トリクロロエチレンなどの低沸点有機塩素化合物による土壌や地下水の汚染[9], ガソリンなどの石油系炭化水素による土壌の汚染[10], タンカーからの原油流出事故による海岸の油汚染などにバイオリメディエーション技術が有効であったことが報告されている.

しかし, バイオリメディエーションをさらに発展させるためには以下に記すような検討課題も多い.

(1) 浄化の対象となる汚染物質を分解する細菌が, いろいろな汚染物質の存在下で機能的に分解活性を発現するか.
(2) 分解菌と常在菌との間の関係や, 細菌を捕食する生物との関係はどのようか.
(3) 浄化菌を活性化するために注入する栄養物質の選択とそれらの安全性の確認.
(4) 汚染場所の物理・化学的特性が分解菌の生育におよぼす影響.
(5) 経済性.
(6) 微量の化学物質による汚染に対してどこまで対応し得るか.

## 文　献


1) K. Sasaki, K. Takeda and M. Uchiyama : *Bull. Environ. Contam. Toxicol.*, 27, 775-782 (1981).
2) P. Lombardo and I. J. Egry : *Assoc. Off. Anal. Chem.*, 62, 47-51 (1979).
3) M. D. Gold, A. Blum and B. N. Ames : *Science*, 200, 785-787 (1978).
4) 伊藤博敏：聖マリアンナ医科大学雑誌, 17, 19-29 (1989).
5) 川合真一郎・福島　実・北野雅昭・森下日出旗：大阪市立環科研報告, 調査・研究年報第48集, 175-183 (1986).
6) 川合真一郎：環境技術, 21, 198-206 (1992).
7) N. Inoue, K. Fujishiro, K. Mori and M. Matsuoka : *J. UOEH*, 10, 433-442

(1988).

8) S. Kawai, Y. Kurokawa, S. Hamasaki, N. Kato, H. Miyagawa, Y. Nakahama and Y. Takenaka : Proceedings of Japanese-French Workshop on Recent Progress on Knowledge of the Behavior of Contaminants in Sediments and their Toxicity to Aquatic Organisms, 1994, pp.36-43.

9) J. Cioffi and L. Lehmicke：バイオインダストリー, 10, 508-551 (1993).

10) W. C. Anderson (Ed) : Inovative site remediation technology Vol. 1 Bioremediation, Springer, 1995, pp.A1-39.

# 3．海域の石油系物質に対する バイオリメディエーション

後藤雅史[*1]・原山重明[*2]

エネルギー源としての重要性が増大するにつれて，タンカーや精油所の事故などによって原油や石油製品が海洋に流出し，周辺の環境に重大な影響を及ぼす例も増加している．過去の原油タンカー事故例をまとめてみると[1]，年によって変動はあるものの，毎年のように大事故が起っている（表3･1）．

表3･1　タンカー事故統計

| 順位 | 年 | 船名 | 船籍 | 被害国 | 流出量 |
|---|---|---|---|---|---|
| 1 | 1979 | アトランティック　エクスプレス | ギリシャ | トリニダード　トバゴ | 276 |
| 2 | 1983 | カストロ　デ　ベルバー | スペイン | 南アフリカ | 256 |
| 3 | 1978 | アモコ　カデス | リベリア | フランス | 228 |
| 4 | 1967 | トリー　キャニオン | リベリア | 英，仏 | 121 |
| 5 | 1972 | シースター | 韓国 | オマーン | 120 |
| 6 | 1980 | アイリンス　アセレナーデ | ギリシャ | ギリシャ | 102 |
| 7 | 1976 | ウルキオラ | スペイン | スペイン | 101 |
| 8 | 1977 | ハワイアン　パトリオット | リベリア | 太平洋（ホノルル） | 99 |
| 9 | 1979 | インデペンデンタ | ルーマニア | トルコ | 95 |
| 10 | 1993 | ブレイア | リベリア | スコットランド | 85 |
| ⋮ | | | | | |
| 20 | 1974 | ゆうご丸10 | 日本 | 日本 | 50 |
| ⋮ | | | | | |
| 30 | 1973 | ネピエ | リベリア | チリ | 36 |
| 31 | 1989 | エクソン　バルディーズ | アメリカ | アメリカ（アラスカ） | 35 |
| ⋮ | | | | | |
| 53 | 1990 | メガ　ボルグ | ノルウェー | アメリカ（メキシコ湾） | 14 |
| ⋮ | | | | | |

（単位：千トン）

OECD環境白書（1992）pp.77-78を基に，推定流出規模1万トン以上のみを集計（一部加筆）

*1 海洋バイオテクノロジー研究所・清水研究所
*2 同・釜石研究所

1989年に米・アラスカ州で起ったスーパータンカー，エクソン・バルディーズ号の事故は，色々な意味で世界中の耳目を集めた石油流出事故だった．しかし，石油の流出規模は3.5万tと推定され，事故発生当時でも歴代30番目程度の事故であった．過去には1960年代末のトリー・キャニオン号事故（推定石油流出量23万t），1970年代終わりのアトランティック・エクスプレス号やアモコ・カデズ号事故（同28万tおよび23万t）など，もっと規模の大きな事故が発生している．

エクソン・バルディーズ号の事故が注目された理由の一つは，いわゆるバイオリメディエーションが処理対策の一つとして実際に適用され，ある程度有効であることが実証されたからである[2]．この時には，フランスの石油会社ELF AQUITAINE社のバイオ修復剤であるInipol*3や緩効性肥料が使われたが，利用した微生物は土着の微生物のみであり，他の場所からの微生物の移植（植種）は認められなかった．この時のバイオ修復区と非バイオ修復区における視覚的な浄化程度の差については，処理後数か月を経て撮影された写真でご覧になった方も多いと思う．その後，1990年に米・テキサス州ガルベストン沖で起ったメガ・ボルグ号事故の場合には，実際に石油分解菌を微生物製剤として海面に散布したようだが，その効果の程はよく分からない．

表3·2　炭化水素に関する微生物学史年表

（A BRIEF CHRONOLOGY OF PETROLEUM MICROBIOLOGY）

| | |
|---|---|
| 1977 | Volta recognizes the origin of methane in fermentation. |
| 1938 | Ehrenberg studies microfossils and iron bacteria. |
| 1875 | Popoff shows methane to be derived from cellulose. |
| 1878 | Radziszewski suggests fermentative origin of petroleum. |
| 1886 | Hoppe-Seyler shows that organisms in mud produce methane from cellulose. |
| **1895** | **Miyoshi observes paraffin decomposition by a mold.** |
| 1897 | Grzybowski applies micropaleontology to petroleum goelogy. |

（以下省略）

E. Beerstecher Jr. : Petroleum Microbiology, Elsevier Press,（1954）から抜粋引用

一方，環境中の微生物が石油やその他の炭化水素を分解することはかなり古くから知られていた．1954年出版のPetroleum Microbiology[3]の年表の一部を表3·2に引用する．年表に明らかなように，微生物による炭化水素の分解が

*3 EAP22とも呼ばれている

初めて学問的に報告されたのは100年前の1895年であり，その報告者は日本人であった．その後も，炭化水素を分解・資化する微生物が環境中の様々な場所に存在することは，国内外を通じて現在に至るまで続々と報告されいる[4]．

これらの微生物の機能を積極的に活用することによって石油や石油製品をはじめとする色々な外来物資によって汚染された環境の浄化を図ることがバイオリメディエーションに他ならないわけだが，不明な点もまだ多々残されている．

筆者らの研究所，海洋バイオテクノロジー研究所（Marine Biotechnology Institute，以下MBI）では，特に石油による海洋汚染に対する浄化技術の開発を目指して新エネルギー・産業技術総合開発機構から委託を受け様々な研究を実施しているが，以下にいくつかのトピックスについて紹介する．

## §1．炭化水素資化微生物の分布

従来の研究でも，日本周辺の海洋環境にも炭化水素分解微生物が存在していることは明らかになっている[5,6]．しかし，これらの微生物がどの程度普遍的に存在しているのかを確認することが必要であると思われたため，日本周辺における炭化水素資化菌についてその分布および季節的変動を調査した．

石油資化菌密度は，石油を基質とする人工海水ベースの寒天培地を用いた段階希釈・寒天平板法によってコロニー形成菌[*4]密度として測定した．海水試料の場合は，滅菌海水による段階希釈を行っているので菌密度の単位はcfu/m$l$であるが，砂試料の場合は，湿試料を重量／容積比1対10で滅菌海水と共に充分に撹拌し，静置した後の上澄みを海水試料と同様に段階希釈したため菌密度の単位はcfu/gである．寒天培地の組成は東原のNSW培地[7]を基礎にしているが，熟成海水の代わりに有機炭素フリーの人工海水（Tropic Marin, Aquarientechnik Gmbh，ドイツ）を用いた．寒天（Bacto Agar, Difco，米）の濃度は1.5%（w/v）である．一般従属栄養菌密度も同様にコロニー形成菌密度として計測しているが，培地にはMarine Agar（Difco，米）を用いた．段階希釈した試料を塗布した寒天プレートは，20℃で1～2週間培養した後コロニーの計数を行った．

---

[*4] colony forming unit : cfu

### 1・1　日本周辺

MBI は 1995 年度まで所有していた排水量約 3,200 t の海洋バイオ研究船蒼玄丸を，毎年，国内外の研究航海に派遣してきた．1993 年に実施した，清水港から南回りで四国沖，九州沖を経て博多に寄港し，その後，日本海，津軽海峡を経て釜石港に至る日本周辺の調査航海の際に，いくつかの地点において表層海水を採取し，一般従属栄養菌密度ならびに石油資化菌密度の測定を行った[*5]．

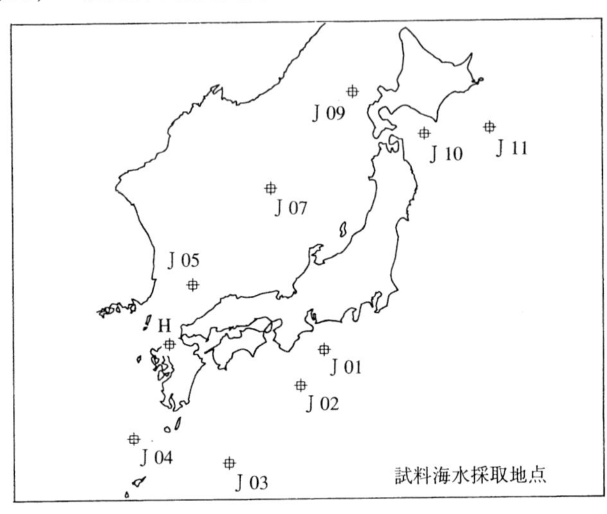


| 採取地点 | 一般細菌 | 石油資化菌 | 北緯 | 東経 | 水温 | 備考 |
|---|---|---|---|---|---|---|
| J01 | 1.2 $10^{2}$ | 3.0 $10^{1}$ | 33°30’ | 137°30’ | 23.0 | 黒潮先端 |
| J02 | 9.0 $10^{1}$ | 2.3 $10^{1}$ | 32°12’ | 136°12’ | 25.6 | 黒潮本流 |
| J03 | 1.9 $10^{2}$ | 2.5 $10^{2}$ | 29°02’ | 133°20’ | 25.0 | 黒潮後部 |
| J04 | 2.4 $10^{3}$ | 8.3 $10^{2}$ | 29°42’ | 129°16’ | 27.5 | 黒潮本流 |
| J05 | 1.2 $10^{2}$ | 5.0 $10^{2}$ | 35°56’ | 131°18’ | 19.1 | 対馬海流 |
| J07 | 1.6 $10^{3}$ | 1.1 $10^{3}$ | 39°30’ | 135°00’ | 17.2 | 大和堆 |
| J09 | 4.0 $10^{4}$ | 1.6 $10^{4}$ | 43°00’ | 139°00’ | 14.7 | 北海道西沖 |
| J10 | 1.8 $10^{3}$ | 8.1 $10^{2}$ | 41°30’ | 142°30’ | 9.9 | 襟裳岬沖 |
| J11 | 1.7 $10^{3}$ | 1.4 $10^{3}$ | 41°30’ | 146°00’ | 10.1 | 三陸北沖 |
| H | 1.2 $10^{6}$ | 1.7 $10^{5}$ | 33°36’ | 130°24’ | 22.9 | 博多湾 |
| 平均密度（博多データは除く） | 5.4 $10^{3}$ | 2.3 $10^{3}$ | | | | |

（単位：cfu/m*l*，℃）

図 3・1　石油資化菌の分布（日本周辺）

*5 後藤雅史・浅海正吉：平成 7 年度海洋理工学会春季大会講演要旨集，45．

データを図 3･1 に示す．図に明らかなように，いずれの日本周辺の採水地点でも石油資化菌はある程度の密度以上で検出されていることが分かる．なお，図中の H 地点は博多湾である．博多湾試料以外の全採水地点で測定された石油資化菌密度の単純平均値は $2.3\times10^3$ cfu/m$l$ であった．この調査によって，日本周辺の表層海水中にはかなり普遍的に石油資化菌が存在していることが明らかとなった．

### 1･2　深度別調査

1990 年の暮れには，蒼玄丸を使ってオーストラリアまでの調査航海を実施した．その時に太平洋上において，赤道のすぐ北と南で水深 1,500 m までの深

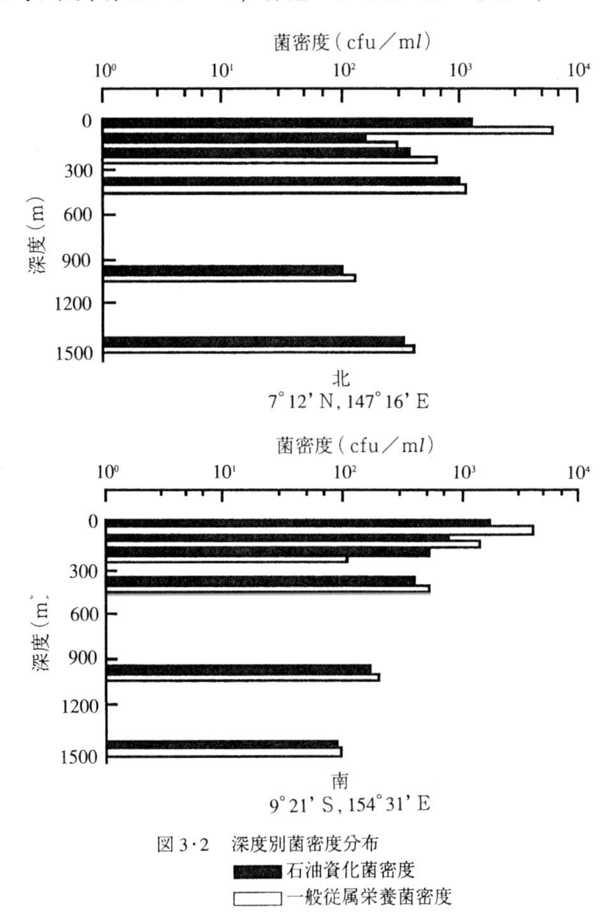


図 3･2　深度別菌密度分布

度別採水を行い，菌密度の測定を行った[8]．

データを図 3・2 に示す．図に示されているとおり，外洋においても表層から 1,500 m の深海水中まで，やはりある程度の密度で石油資化菌が検出されている．

各々の採水地点における石油資化菌密度の単純平均値は，赤道の北および南でそれぞれ，$5.4 \times 10^2$ ならびに $6.1 \times 10^2$ cfu / m$l$ であったが，図から深度が増すにつれて菌密度は減少する傾向があることが分かる．しかし，それぞれの試料海水中において石油資化菌密度と一般従属栄養菌密度の比は，深度が増すにつれて増大する傾向が認められる．外洋の深海で，これらの菌が何を炭素源として利用しているのか不明だが，実際に微量の石油が炭素源である可能性や基質特異性の低い微生物が生存している可能性などが考えられると思われる．

### 1・3 定点観測

定点における菌分布の季節変動を観測するため，1992 年から 1994 年にわたって静岡県清水市三保ならびに岩手県釜石市平田の 2 か所で，毎月 1 回海水および波打ち際の砂を採集し，石油資化菌密度などの測定を実施した[8]．

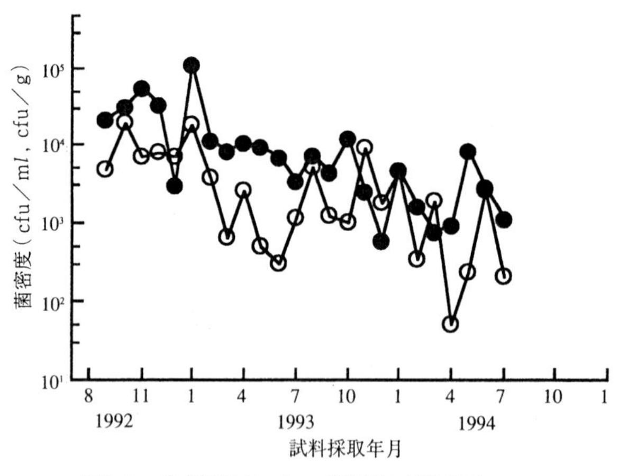


図 3・3 定点観測データ — 菌密度の季節変動 —
○ 海水試料［cfu/m$l$］
● 砂利試料［cfu/g］

三保での分析データの一部を図 3・3 に示す．季節による変動は見られるものの，観測期間を通じて石油資化菌が検出されたことが分かる．測定期間を通じた平均菌密度は，海水試料では $4.2 \times 10^3$ cfu / m$l$，砂試料では $1.5 \times 10^4$ cfu / g

であった．釜石・平田における観測結果も同様であったが，菌密度はおしなべて清水・三保よりも低い値であり，海水試料および砂利試料中の平均菌密度は，それぞれ $4.4 \times 10^2$ cfu / m*l* ならびに $4.5 \times 10^3$ cfu / g であった．

以上のように，日本周辺，そして恐らくほとんどの海域において，水平軸，深度軸ならびに時間軸で見た場合の石油資化菌の分布はほとんど普遍的であるということができると思われる．このことは，必ずしも同等の浄化能が常に存在することを意味するわけではないが，少なくともその可能性はあることを示していると考えることができる．

## §2. 自然環境における律速因子

清水と釜石における定点観測では，いくつかの水質指標，底質指標についても同時に測定した．この測定データをみるまでもなく，海水中の窒素やリン化合物の濃度は一般に非常に低く，窒素あるいはリン濃度として 1 ppm に達することはほとんどない．

筆者らの定点観測データによれば，三保で採取した海水中の無機態窒素やリン酸の濃度は常に非常に低く，中では硝酸態窒素の濃度が比較的高く観測されているがそれでも観測期間を通じて平均 0.36 ppm-N であった．なお，亜硝酸態窒素，アンモニア態窒素，リン酸の濃度は，それぞれ 0.01 ppm-N，0.04 ppm-N，0.02 ppm-P 程度でしかなかった．窒素やリンは微生物の増殖に欠かすことのできない因子だが，このように低い濃度では，微生物の顕著な増殖は期待できないと考えられる．

実際に，天然海水に原油を添加しても微生物の代謝促進はみられない．図 3・4 は，天然海水に原油を添加し天然微生物の呼吸活性をモニタリングしたものであるが，300 時間が経過しても目立った変化は何も生じていない．図には，同じ天然海水をろ過滅菌したものに石油分解能をもつことが分かっている菌の天然コンソーシア（SM8）を植菌し，同様に呼吸活性を測定した結果も示すが，やはり目立った変化は生じていない．ところが，培養開始後約 300 時間を経過した時点で窒素源およびリン源を添加すると，天然海水のみあるいは SM8 植種の場合のどちらでも呼吸活性が直ちに増大している．この結果より，天然海水中には明らかに窒素，リンなどの栄養塩が不足していることが分かる．

石油分解コンソーシアを植種した系で，窒素およびリンを添加した後，直ちに呼吸活性が増加することとは当然であるが，興味深いことに天然海水を用いた系でも同様に呼吸活性が遅滞なく増加している．一方，天然海水に窒素源，リン源を最初から加え，石油を添加して同様な実験を行うと，数日間以上のラグを経てから呼吸量が増加する場合が多く，またその増加傾向も一定ではない．

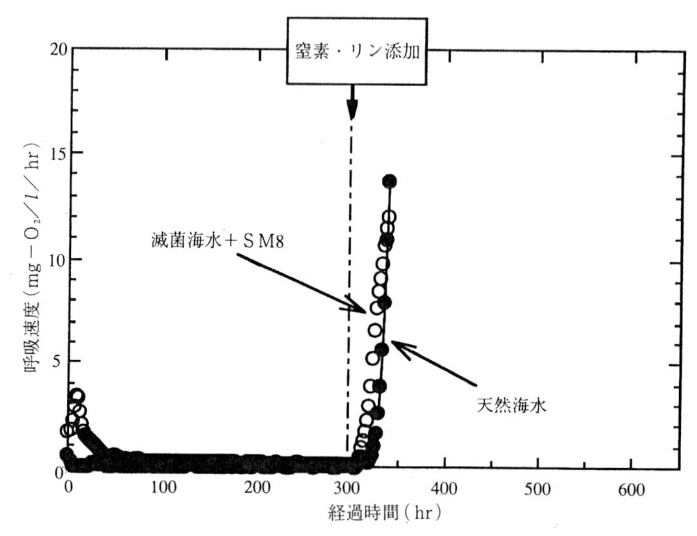


図 3·4　石油分解の窒素およびリン依存性
5,000 ppm の石油を添加し SM8 を植種した滅菌海水，および，5,000 ppm の石油を添加した天然海水の呼吸速度を，20℃において連続測定した

以上の観察を説明するために以下の仮説を考えた．前節で述べたように石油資化菌はかなり普遍的に分布しているが，そこに窒素やリンを加え石油分解を起こすに十分な石油資化菌が増殖してくるまでに数日がかかる．一方，窒素およびリンが不足した状態で石油を加えると，全体的な菌数は増加しないが，時間の経過とともに天然コンソーシアの内部で遷移が進行し，集団のほとんど総てが石油資化菌に置き代わってしまっている．したがって，窒素およびリンの抑制が外れると，石油資化菌の増殖が速やかに始まったと推定される．

MBI での研究テーマの一つは，石油分解速度の環境因子への依存性をモデル化することである．現在検討中のモデルでは，人為的な操作が可能な因子として窒素およびリン濃度，環境因子として温度および溶存酸素濃度，そして石油濃度などを変数として用いているが，図 3·5 に窒素およびリン濃度への依存性の数式モデルを用いて石油分解に係わる呼吸速度を予測した例を示す[9]．

上に述べた定点観測データによれば，実際の環境における窒素やリンの濃度が，この呼吸速度予測グラフにおいてほぼ原点付近に相当することを示しており，自然の状態ではほとんど自浄作用を期待できないことが分かる．

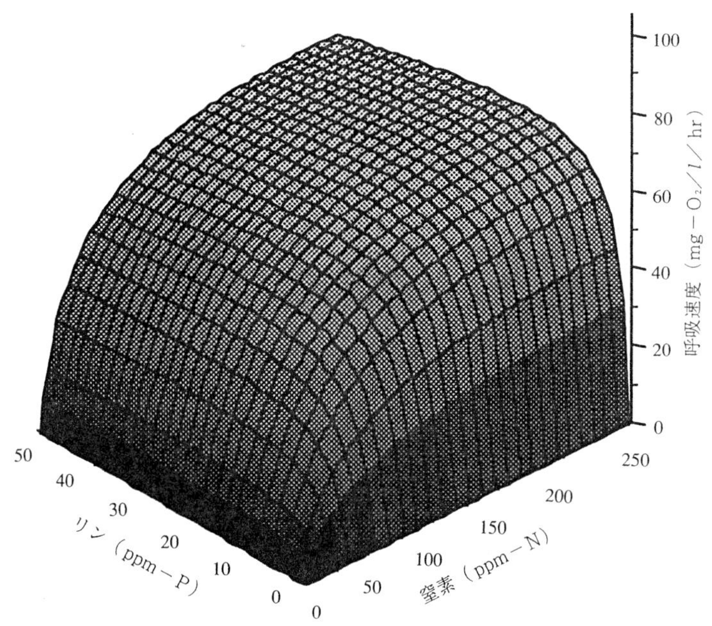


図 3·5　石油分解による呼吸速度の予測
石油濃度 5,000 ppm，温度 20℃における SM8 の呼吸速度を，窒素およびリン濃度の関数として予測した数値から作図した

## §3．炭化水素資化菌の探索

石油を構成する数百，数千ともいわれる物質の中には，当然，生分解性の高い物質や逆に低い物質が混在している．これらの雑多な物質を一つ一つ定量分析することは現実問題として不可能であり，また全体的な把握方法としてはあまり適したものとはいえない．そこで，筆者らは薄層クロマトグラフィーと水

素炎イオン検出器を組み合わせ，石油の構成物質をその極性の違いによっていくつかの群に分画する定量分析法を主な分析方法の一つとして採用している[10]．

この手法によれば，原油を極性の低い順に飽和画分，芳香画分，レジン画分およびアスファルテン画分の4つに分けて分析することができるが，それぞれの画分の“平均的”な構成物質の構造はこの順に複雑になっており，したがって微生物による分解性もこの順に低くなると考えられる．

これまで述べてきた石油の微生物分解は，主に天然由来のコンソーシアや単離菌によるものであるが，これらのいわば代表的な菌株やコンソーシアの石油画分の分解率は，飽和画分や芳香族画分についてはある程度期待することができる．例えば，表3·3に示すような単離菌株による石油画分の30日の培養実験における分解率は，飽和画分については50％以上，芳香族画分については20～30％程度である．一方，石油のレジン＋アスファルテン画分の分解率は一般に低く高々10％前後である．

表3·3　MBIで単離した石油分解菌の分解活性例

| 単離菌株名 | SM8-4L | PR4 | T-4 | I-15-I |
|---|---|---|---|---|
| 飽和画分 | 63.7 | 51.0 | 49.3 | 49.7 |
| 芳香画分 | 23.7 | 23.0 | 12.1 | 22.7 |
| レジン＋アスファルテン画分 | 11.6 | 9.7 | 9.1 | 14.7 |
| 菌種 | *Alcaligenes* sp.(?) | *Rhodococcus* sp. | *Acinetobacter* sp. | *Rhodococcus* sp. |

（分解率：％）

そこで，自然な風化の進んだ石油においても最後まで残留しがちであると思われるレジン＋アスファルテン画分に高い分解活性を示す菌株をスクリーニングしてみた．研究所所有の単離菌株を再スクリーニングした結果（表3·4），得ることのできたのがレジン＋アスファルテン画分の分解に秀でたUN3-3株とPB-4株である．

表3·4　レジン＋アスファルテン画分分解菌の分解活性

| 単離菌株名 | PB4 | UN3-3 |
|---|---|---|
| 飽和画分 | 9.4 | 61.0 |
| 芳香画分 | 25.8 | 40.9 |
| レジン＋アスファルテン画分 | 45.3 | 46.7 |
| 菌種 | *Pseudomonas putida* | *Shewanella* sp. |

（分解率：％）

両株のレジン＋アスファルテン画分の分解率は似通った値であったが，他の画分の分解率は明らかに異なっている．そこで，両株に共通する性質あるいは共通しない性質について検討した *6．なお，PB-4 株は *Pseudomonas putida*, UN3-3 株は *Shewanella* sp. と同定されている．

表に示した他の MBI 単離菌 4 株とともに，種々の単一炭化水素を基質として培養実験を行い，30 日後の増殖によって資化能を判断したところ，上の 2 株にのみ共通する基質は，2 環炭化水素であるテトラリンとナフタレンのみであった．

2 種の 2 環炭化水素のみが共通する基質であったことから，デカリンも含めた 3 種の 2 環炭化水素を基質として供試菌株の培養（2 日間）を行い，中間代謝物を分析することによって代謝経路の検討を行った．その結果，両レジン＋アスファルテン画分分解菌の培地中にはナフタレノンとナフトールの存在が確認され，両株とも一般的なナフタレン分解経路をもっていると判断される．なお，$^{13}$C-NMR *7 分析結果によれば，両株ともベンゼン環開裂活性をもつと考えられる．

また，レジンやアスファルテン画分には酸素分子もある程度含まれており，これらの一部はアルキル側鎖中のカルボン酸として存在している可能性がある．実際，レジン画分をエステル化処理し，GC/FID *8 分析すると，カルボン酸由来の（沸点の下がった）エステルが多数検出されるが，これらのエステルはレジン分解菌を培養した培地からはほとんど検出されてこない．

そこで，シクロヘキシル環やベンジル環にカルボン酸のついた化合物を単一基質とし上と同じ 6 株を用いて培養実験したところ，レジン＋アスファルテン画分非分解菌 4 株では，カルボン酸側鎖は $\beta$ 酸化され，側鎖の短くなったカルボン酸へと変換されるのみであった．一方，レジン＋アスファルテン画分分解菌 2 株にシクロヘキシルプロピオン酸を基質として与えた培養実験では，さらに分解が進み，カルボン酸側鎖はケト基へと変換されていた．

以上のように，レジン＋アスファルテン画分分解活性の高い 2 株にはいくつ

---

*6 後藤雅史・島内敏次・長島弘秋・石原正美・原山重明：第 25 回石油・石油化学討論会講演要旨集，276

*7 $^{13}$C-nuclear magnetic resonance 法

*8 gas chromatography - flame ionization detector 法

かの共通する性質がある．しかし，この両株についても他の画分の分解活性が全く異なっていたり，代謝産物に共通しないものが認められるなど，必ずしも全く同一の性質をもっているわけではなく，MBI ではレジンやアスファルテン画分の分解に着目した実験を継続して実施している．

## §4．海浜模擬実験装置内での石油分解

これまで紹介した実験は数 m$l$ から数百 m$l$ 程度のスケールで行ったものだが，MBI ではメゾスケールの海浜模擬設備での実験も実施している．この装置は，砂利などを充填した小規模の人工海浜に天然海水による潮汐を導入することのできるものである．

装置は内寸法 1,000 $^{W}$ ×1,500 $^{L}$×1,000 $^{D}$（mm）のグラスファイバー製実験槽 4 基から構成されており，屋内・外にそれぞれ 2 槽ずつ設置している．屋内の装置では水温および室温制御，ならびに海水ばっ気装置によってある程度実験条件を一定に保つことができるが，屋外ユニットにはなんら制御システムは設けていない．

それぞれの実験槽には，水位コントローラがついており天然海水による人工的な潮汐を導入できる．現在の設定では，実験槽に河口付近で採取した砂利を約 80 cm 充填し，砂利表面＋10 cm/－50 cm の潮汐を 1 日に 2 回導入するようにしている．実験は，通常は屋内・外ともに 1 槽をバイオ修復槽，他の 1 槽をコントロール槽として行う．石油は満潮位に海水面に添加する場合と，充填砂利の一部に事前に混入・付着させる場合があるが，いずれの場合にも実験期間を通じて溶存酸素濃度，残留石油の抽出・化学分析，菌密度の計数などを行う．

データの一例を図 3･6 に示す[9]．この実験では石油を満潮位の海水表面に添加し，さらに数日を経た後実験槽には石油分解菌コンソーシア SM8 ならびに市販の農業用の緩効性肥料（窒素およびリン）を加えた．なお，この実験には屋内ユニットを用い，室温および海水温は 20℃に設定した．

特に着目したいのは，バイオ修復槽における GC/FID 法で定量できる炭化水素の挙動であるが，SM8 および肥料添加後約 2 週間を経た頃から減少し始め，60 日後にはほぼ残留量が 0％になっている．一方，コントロール槽では，実験

開始後 80 日を経た後もほぼ初期濃度のまま残留していた．なお，供試石油の場合 GC/FID 法で定量できる成分は約 10％（*w*/*w*）にしか過ぎない．

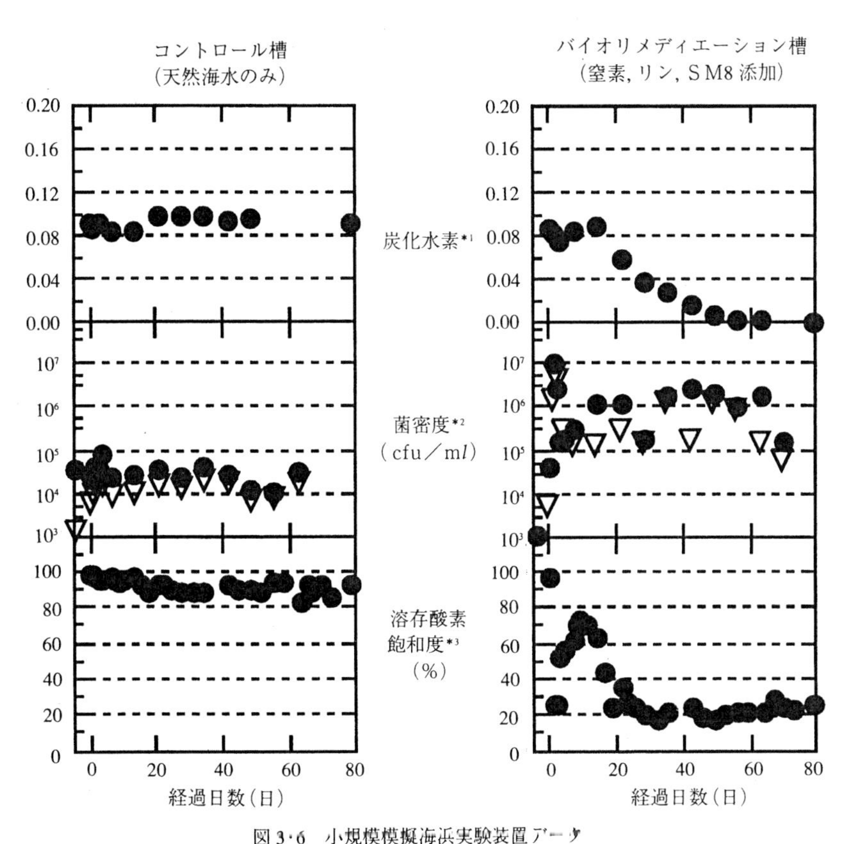


図 3·6　小規模模擬海浜実験装置データ

*1　残留石油中に占める GC/FID 法で定量可能な成分の割合（*w*/*w*）

*2　満潮位の砂利層直上の海水中菌密度：●一般従属栄養菌，▽石油資化菌

*3　満潮位の砂利層直上の海水中溶存酸素飽和度

他の指標についても，バイオ修復槽とコントロール槽の間の差は明らかであり，人工的に添加した石油以外は天然条件に近いコントロール槽では実験期間を通じて各指標に変化はほとんどみられない．しかし，一見何の変化も生じなかったコントロール槽においても，実は興味深い現象が進行していた．図 3·7

はコントロール槽における石油資化菌と一般従属栄養菌の密度比の経時変化をプロットしたものである．図 3·6 に示したように，全体の菌数はほとんど変化していなかったのであるが，菌叢内部では全体に占める石油資化能をもつ菌の比率が明らかに増加しており 80 日後では 60％以上に達していたことが分かる．

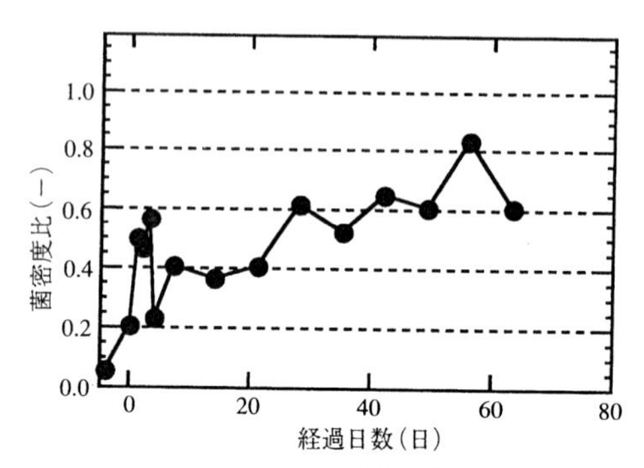


図 3·7　石油資化菌対一般従属栄養菌密度比の経時変化（コントロール槽）

このことは，窒素やリンなどの環境要因によって菌の増殖が抑制されていたことを示しており，自然環境における律速因子の項で紹介した，フラスコレベルで観察された菌相の変化（馴化）が，実環境に近い条件でも生じることを示したものということができる．

以上，MBI で実施しているバイオリメディエーションに関する研究の一部を簡単に紹介した．筆者らは，これらのトピックス以外にも，例えば微生物による石油分解・炭化水素分解の遺伝子や酵素レベルにおける研究・解析を行っており，基礎的な分野から応用的な分野に至る広い視野に立った研究・開発を目指している．

本稿の執筆に当たって，海洋バイオテクノロジー研究所釜石研究所および清水研究所の同僚研究員にはデータの提供を始めとする幾多のご協力をいただいた．以下に氏名を記すことによって感謝の意を表したい．MBI－釜石研究所：石原正美主任研究員，佐々木哲也研究員，島内敏次研究員，佐々木悦郎氏，浅海正吉研究員（現，日立造船株式会社），北島洋二研究員（現，鹿島建設株式会社），Venkateswaran 研究員（現，日本水産株式会社）他の皆さん．MBI－清水研究所：西島研究員，西ヶ谷澄子さん他の皆さん．

本研究開発は産業科学技術研究開発の一環として，新エネルギー・産業技術総合開発機構から委託を受けて実施したものである．

## 文　献


1）OECD 環境委員会：OECD 環境白書，中央法規出版，1992，pp.77-78.
2）J. R. Bragg, R. C. Prince, E. J. Harner and R. M. Atlas : *Nature*, 368, 413-418（1994）.
3）E. Beerstecher, Jr. : Petroleum Microbiology, Elsevier Press, 1954, 17 pp.
4）大森俊雄：微生物, 1, 23-29（1985）.
5）村上昭彦・鈴木一信・山根晶子：水質汚濁研究，8，373-379（1985）.
6）K. Venkateswaran, T. Iwabuchi, Y. Matsui, H. Toki, E. Hamada and H. Tanaka : *FEMS Microbiol. Ecol.*, 86, 113-122（1991）.
7）門田　元・多賀信夫：海洋微生物研究法，学会出版センター，1985，109 pp.
8）K. Venakteswaran, S. Kanai, H. Tanaka and S. Miyachi : *J. Mar. Biotechnol.*, 1, 33-39（1993）.
9）M. Ishihara, M. Goto and S. Harayama : Technical Paper for the Joint Kuwait-Japanese Joint Symposium on Restoration and Rehabilitation of the Desert Environment, KISR/PEC, 1996, pp. 1.1-1.8.
10）M. Goto, M. Kato, M. Asaumi, K. Shirai and K. Venkateswaran : *J. Mar. Biotechnol.*, 2, 45-50（1994）.

# 4．微生物による漁場環境における環境修復

深　見　公　雄*・西　島　敏　隆*

## §1．自浄作用と環境の浄化力

増養殖漁業に起因する様々な弊害が沿岸の海洋環境に及んでいる．内湾などの養殖漁場では，養魚飼育のために投与された餌料の残餌や魚からの糞などの粒状有機物が微生物による分解を受けながら底層へ沈降していく．粒子の沈降速度が遅い場合や水深が十分にあり海底までの距離が長い場合には，これらの有機物は海底に到達する前に可溶化・分解される．また，海水の流れのあるところでは粒状物が水流によって拡散するため有機物が広範囲に希釈され，環境の自浄力によって特に問題なく分解・浄化される．一方，たとえ海底までの到達速度が分解速度を上回り海底に堆積したとしても，底層環境に十分な溶存酸素が存在していれば底泥中の微生物やベントスによる分解・消費を受け，やはり可溶化されたり無機化される（図 4·1）．このように，海水中に負荷される粒状有機物が環境の保有する自浄能力を下回っていれば海洋生態系のバランス

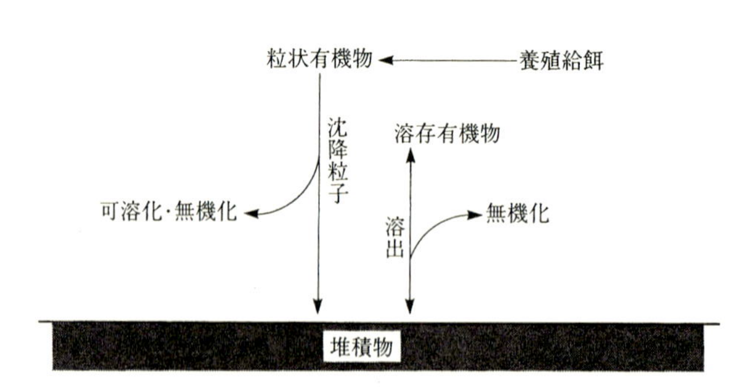


図 4·1　内湾の養殖漁場において給餌により負荷された粒状有機物が分解を受けながら水柱から海底泥へ沈降し，さらに堆積物中で分解を受けて水柱へ再び溶解していく過程を模式的に示したもの

* 高知大学農学部

がくずれることはなく，人為的に特別な処理を施さなくとも有機物は分解され環境は自然に浄化される．

しかしながら，有機物が自浄力以上に負荷されるとこれらは分解しきれずに海水や底泥中に残存し，しばしば水質・底質の悪化をもたらす．したがって，健全な漁場環境を維持するためには，有機物の負荷量を軽減することが必要であることはいうまでもないが，それとともに環境の自浄力を高めることも必要である．天然環境のもつ自浄作用は海水や底泥中の微生物群集とくに細菌類の有機物分解作用によるところが多い．したがって，微生物による内湾底泥環境の環境修復を行うことは細菌類の活性を高めることにより自浄力を促進することにほかならない．

そこで本研究では，有機物分解活性の高い細菌類を利用した環境浄化法の可能性について検討し，微生物による環境修復を効果的に行うためにはどのような方法が最も有効であるか，またその際に留意すべき点はなにかについて考察した．

## §2．微生物による環境修復とは

内湾底泥には環境中に生息する細菌群をはじめとした微生物が酸素を利用して有機物を分解・無機化する自浄力がある．しかしながら増養殖の行われている内湾では底泥に環境の自浄力を上回る多量の有機物が負荷されることに加えて夏季は成層による鉛直混合の停滞のため貧酸素化し，有機物がヘドロ化して堆積ししばしば生物に有害な硫化水素の発生がおこり大きな被害をもたらすことがある．このような底泥環境を改善（環境修復）するには，浚渫などによる有機物の除去や環境への有機物負荷量を軽減することが最も肝要であるが，何らかの方法で天然の微生物群集の活性を高めたり，本来その環境に存在しないような活性の高い微生物を人為的に導入して自浄能力を高めることも必要となる．前者はたとえば，曝気などにより酸素（空気）を人為的に底泥環境へ供給したり潮汐ダムにより溶存酸素が豊富な表層の海水を底層付近に導入し[1,2]，底層水あるいは底泥中に生息する微生物の活性・増殖を促進することが該当する．しかしながらこれらの方法は効果の持続性あるいは費用の点で必ずしも有効であるとはいえないことが指摘されている．一方，後者は，天然環境の微生物群集にはあまり期待できないような有機物分解活性をもつ細菌類を人為的に底泥環境に導入しその自浄力の促進をはかる方法である．そのためにはどのような細菌をいかなる方法で用いるかを検討することが必要である．この方法では，導入微生物の大きな自浄力を用いた環境修復を期待できる反面，環境に本来存在しない生物を人為的に導入することによる生態系への影響あるいは環境への安全性を十分確かめてからでないと，新たな問題が生ずる可能性が考えられる．

次節では，まず内湾底泥の保有する自浄力を見積り，微生物による環境修復を試みた場合の効果について評価しようとした．

## §3. 内湾底泥の保有する自浄力評価

高知県浦ノ内湾中央部の定点において採取された柱状底泥試料の泥表面から 1 cm の試料について，その自浄能力の評価を試みた．

同湾は入り口が約 800 m 奥行きが約 14 km の細長い湾でしかも入り口付近が浅いため，水交換が非常に悪い．加えて水深が約 18 m の湾内で最も水深のある中央部の定点付近では，魚類養殖が盛んに行われており多くの養殖生け簀が存在していることから，夏季には底泥がヘドロ化していることが知られている．定点付近では 5 月はじめから成層が始まり，それとともに底層では溶存酸素（DO）濃度が 2 ppm 以下の貧酸素水塊が出現する．安定した成層がみられる 6 月から 9 月の夏季には底層付近はほとんど無酸素状態になるが，秋季の鉛直混合の開始とともに貧酸素状態は解消され，冬季には表層から底層まで一様に 10 ppm 前後の高い DO 濃度を示す．

このような環境の底泥が保有する有機物分解活性を評価するため，L-ロイシンに蛍光物質である AMC（amino-methyl-coumarine）がペプチド結合した Leu-MCA（L-leucine-methyl-coumarinylamide）をモデル基質に用いロイシンアミノペプチダーゼ活性を測定した[3]．本方法は，添加したモデル基質である Leu-MCA が分解されて遊離される AMC の蛍光量を比色定量するものであり（図 4·2），主に細菌によって菌体外に生産されるペプチダーゼ活性が測定されると考えられる．ここで得られた値は必ずしも底泥が保有する有機物分解活性のすべてを代表するわけではないが，ある程度のタンパク分解活性をこの方法で評価することは可能である．そこで，底泥 2.0 g を 18 m*l* の濾過海水に懸濁した試料に，最終濃度が 0.5 から 20 $\mu$M までの 5 段階の濃度になるよう Leu-MCA を添加して振盪培養した．経時的に試料の一部を採取し，遠沈によ

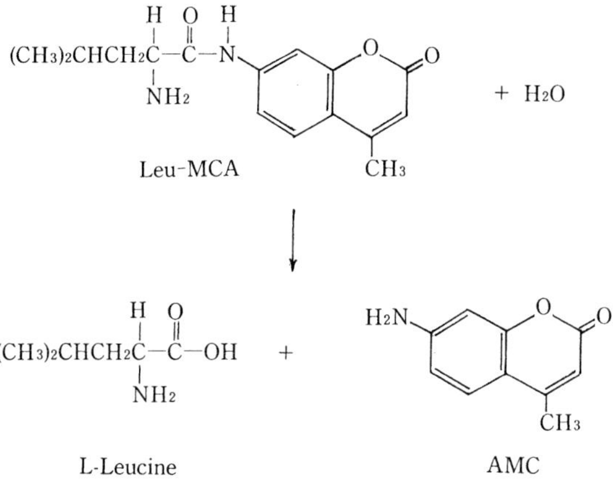

$(CH_3)_2CHCH_2CH(NH_2)-CO-NH-$（7-アミノ-4-メチルクマリン）$+ H_2O$

Leu-MCA

↓

$(CH_3)_2CHCH_2CH(NH_2)-COOH$ ＋ $H_2N$-（4-メチルクマリン）

L-Leucine　　AMC

図 4·2　細菌が菌体外に生産するロイシンアミノペプチダーゼ活性を測定するために用いたモデル基質 Leu-MCA（L-leucine-methyl-coumarinylamide）の構造．L-ロイシンに蛍光物質 AMC（amino-methyl-coumarine）がペプチド結合しており，分解されて遊離される AMC の蛍光量を比色定量する

って得られた上澄中の蛍光量を測定し，蛍光量増加の傾き（遊離速度）を各添加基質濃度に対してプロットすることで，潜在活性（Vmax）を求めた（図 4·3）．

その結果，まだ DO が底層まで比較的十分に存在する 5 月初旬までの春季には水温の上昇に伴って細菌の分解潜在力もやや上昇していったが，5 月末から 6 月にかけて DO の減少とともに活性も低下し，底層付近がほとんど無酸素化する盛夏には細菌の分解活性潜在力は非常に小さい値であった（図 4·4）．しかしながら秋季，水温はまだ比較的高く保たれているものの鉛直混合が始まり底層付近まで十分量の DO が供給されると，細菌の有機物分解潜在力は急激に上昇することが明らかとなった．このことから底泥細菌群の保有する有機物分解活性の潜在力は環境の温度と DO に大きく影響されていることが示唆され，

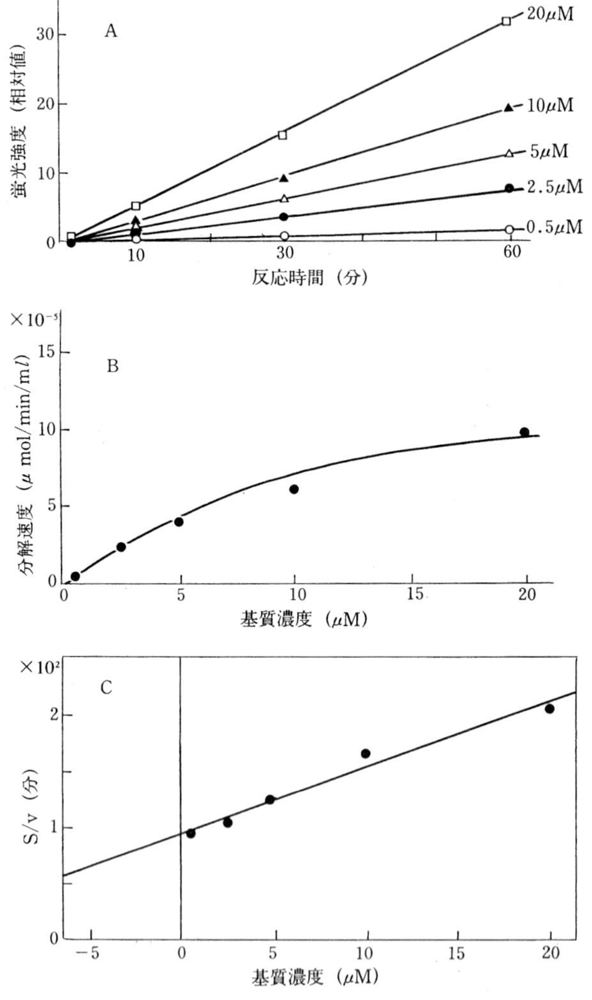


図 4・3　異なる濃度のモデル基質（Leu-MCA）を添加した場合に遊離されてくる蛍光量の経時変化（A），基質濃度（S）に対する遊離速度（v）（B），および Vmax を求めるためのその逆数プロット（C）

底泥中の細菌の群集構造が季節によって大きく変動していることが予想された．

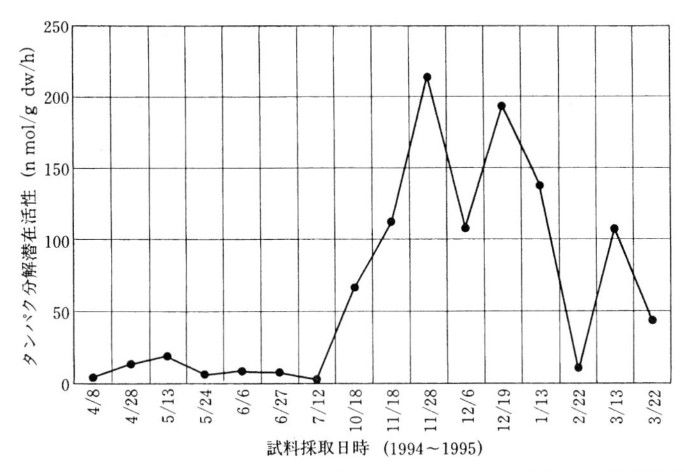


図 4·4　1994 年から 1995 年にかけて高知県浦ノ内湾中央部で得られた表層底泥試料が保有するタンパク分解潜在活性（Vmax）の季節変化

## §4．枯草菌（*Bacillus subtilis*）による自浄作用促進効果

前節において，底泥中の細菌群は水温が 25℃前後でかつ DO が 4～5 ppm 存在する秋季には比較的大きな有機物分解活性を示すものの，水温ないし DO のいずれかが低いそれ以外の季節には活性が低いことが明らかとなった．そこで，1 年を通じて底泥が高い自浄能力を示すように，枯草菌（*Bacillus subtilis*）を主要構成細菌にした細菌性浄化剤を海底に導入することを試みた．枯草菌は陸上環境において普遍的に生息する好気性細菌であり，増殖速度や有機物分解能が大きいことから，本細菌種を医王石と呼ばれる多孔質性の小礫に吸着させた浄化剤がすでに家畜の排泄物処理などの目的で市販されており，一定の効果をあげている．しかしながら海洋環境は一般に陸上に比較して低温であることが多く 3％以上の塩分が存在する．また，夏季の底層は貧酸素環境でもある．そこで陸上環境では有機物処理に効果のある本浄化剤が水温・塩分・DO のいずれの点でも陸上とは大きく異なる海洋環境においても活性を発揮しうるか否かを検討した．

まず，細菌性浄化剤およびその主構成細菌種である *B. subtilis* の標準株ATCC6051 に対する温度の影響を調べた．浄化剤あるいは *B. subtilis* ATCC 6051 株を FeTY 培地に懸濁して温度 5°～37℃の範囲で培養し，その増殖のようすを調べたところ，*B. subtilis* 標準株は比増殖速度・最大収量ともに 37℃で最も高く温度の低下とともに低くなっていき 5℃では増殖できなかった．また培養開始後 1 ないし 2 日で最大収量を示したあと急激に細胞数が減少していった．一方，浄化剤細菌群は 25℃ないし 37℃で比増殖速度が最大であったが，20℃以上の水温では概ね良好な増殖を示した．また *B. subtilis* 標準株および浄化剤細菌群のいずれもがともに塩分 0 において最も高い収量を示したが，0～32 PSU の範囲なら収量にそれほど顕著な影響は見られなかった[4)]．そこで細菌性浄化剤および底泥を海水に懸濁したスラリー状試料に前述の Leu-MCA をモデル基質として添加し，同様の方法で，浄化剤湿重 1 g 当たりあるいは底泥 1 g 当たりに含まれる細菌群の水温 25℃におけるタンパク分解活性潜在力（Vmax）を比較した．その結果（表 4･1），浄化剤細菌群は 14.7 n mol / wet - g / h であったのに対し底泥細菌群は 10.3 n mol / wet - g / h と浄化剤細菌群のほうが底

表 4･1　*B. subtilis* を主要構成細菌種とする細菌性浄化剤および内湾底泥が保有する温度 25℃におけるタンパク分解潜在活性（Vmax），浄化剤および底泥に含まれる湿重 1 g 当たりの細菌密度，および細菌 1 細胞当たりの潜在比活性（Vmax/cells）

| | Vmax<br>n mol/wet-g/h | 細菌数*<br>cells/wet-g | 1細胞当たりの比活性<br>Vmax/cells** |
|---|---|---|---|
| 細菌性浄化剤 | 14.7 | $1.73 \times 10^{8}$ | $8.50 \times 10^{-2}$ |
| 内湾底泥 | 10.3 | $3.41 \times 10^{8}$ | $3.02 \times 10^{-2}$ |

*　：FeTY 培地による生菌数
**：f mol/cell/h

泥細菌群より約 1.5 倍高いことが明らかになった．しかし，このとき浄化剤および底泥 1 g あたりに含まれるそれぞれの細菌数は底泥の方が約 2 倍高かったため，細菌 1 細胞当たりの活性は浄化剤細菌群の方が底泥細菌群より 3 倍近く大きいことが明らかとなった（表 4･1）．

そこで実際に内湾底泥に細菌性浄化剤を添加してタンパク分解過程を経時的に追跡し，その添加効果を調べた．濾過海水に養殖漁場の底泥のみを添加した

もの・底泥および浄化剤を添加したもの・浄化剤のみを添加したものをそれぞれ調製してスラリー状にし，タンパク含量が約57％の養魚餌料を加えて有機物負荷を与えたものを25℃で好気培養し，スラリー1 m*l* あたりのタンパク量の変化を調べた．その結果，浄化剤のみを海水に添加した場合にはタンパク量の減少が速やかに観察されたものの，底泥のみや底泥に浄化剤を添加した実験系では浄化剤のみの実験系に比較してタンパク量の減少は緩やかであり，底泥への浄化剤の添加効果も見かけ上はあまり顕著ではなかった．しかしながら同時に採取したスラリーのもつタンパク分解速度をLeu-MCAを用いて測定したところ，底泥に浄化剤を添加した実験系では高い分解活性が比較的長期間維持されることが示された．浄化剤無添加の底泥においては速やかにタンパク分解活性が低下していったことから，底泥への浄化剤の添加効果が明らかに観察された[4]．

本実験では，底泥100 gに対し細菌性浄化剤を9 g添加している．したがって，浄化剤の添加量を増加させれば，より高い有機物分解活性が得られることが予想され，枯草菌による自浄作用促進は十分期待できるものと考えられた．また，枯草菌（*B. subtilis*）は海洋細菌ではないものの陸上環境には普遍的に存在する細菌種であり，普段から河川水などを通じて自然に海洋環境へ混入している可能性が高い．事実，海洋環境においてもしばしば海底泥から検出されている[5]．このため，*B. subtilis* を内湾底泥環境に用いたとしても環境へ与えるインパクトはそれほど重大ではないと思われ，特に大きな問題はないと考えられる．

## §5．南極海由来の好冷細菌による有機物分解

前節において，海洋の内湾域の環境浄化を行うのに有機物分解活性は高いものの陸上起源の *B. subtilis* を用いる研究例を紹介した．一方，海洋環境にも *B. subtilis* に匹敵するような有機物（特にタンパク）分解活性の高い細菌が多数存在していることが知られており[6]，これらの海洋細菌を用いて環境浄化を行うほうがより効果的ではないかと予想される．ところで，一般に有機物分解活性の高い細菌群はそのほとんどが好気性細菌である．しかしながら内湾環境においては微生物の活性が上昇する水温の高い夏季には低酸素化するため，こ

れらの好気性細菌群では必ずしも十分な浄化活性を得られないおそれがある．また底層まで酸素が高濃度に存在する冬季には通常の細菌類にとって低温すぎるため，やはり大きな有機物分解活性を得ることが困難である．もし，増殖あるいは有機物分解の至適温度が内湾の冬季の水温である 10～15℃付近にある海洋細菌が利用できれば，酸素の十分存在する秋季から冬季・春季にかけて有機物の分解を行い，環境の浄化を促進させることが可能であろう．そこで，南極海の低温環境から分離した細菌株のうち至適増殖温度が 10 ないし 15℃の好冷細菌をスクリーニングして用い，冬季に環境浄化を行うことを試みた．

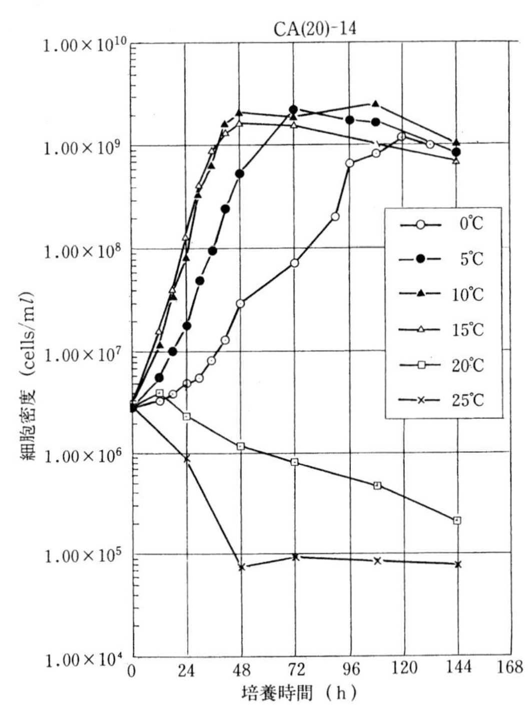


図 4·5　南極海由来細菌 CA (20)-14 株の 0℃から 25℃の各温度条件下における増殖曲線

南極海由来の細菌約 10 株を，FeTY 液体培地により 0℃から 25℃までの各温度により培養し，その増殖曲線を得た．その結果，菌株によって増殖至適温度が 0℃から 15℃までと様々であったが，その中で *Pseudomonas-Alcaligenes* グループに属する CA (20)-14 株は 5～15℃でよく増殖し，0℃でもやや増殖速度は低下するものの十分増殖が可能であったが，20℃以上ではもはや増殖できないことが分かった（図 4·5）．本菌株は 10℃および 15℃で最も増殖速度が高く，培養開始後 48 時間で最大細胞収量が $2\times10^9$ cells / m*l* に達した．このときの平均倍加時間は約 5 時間と計算された．

CA (20) -14 株および浄化剤細菌として用いられている *B. subtilis* の 17℃におけるタンパク分解活性潜在力（Vmax）を前述のように Leu-MCA を用いて測定した．またそのときの細胞収量および Vmax を収量で除した 1 細胞当たりの比活性を両細菌で比較した (表 4･2)．その結果，南極海由来細菌 CA (20) -14 株の Vmax は $2.95 \times 10^0$ n mol / m*l* / h であったのに対し *B. subtilis* の Vmax は $3.87 \times 10^{-2}$ n mol / m*l* / h となり南極細菌の方が約 76 倍ほど高いことが示された (表 4･2)．このときの 17℃という培養温度は高知県浦ノ内湾では 12 月初旬の頃の水温であり，南極細菌 CA (20) -14 株にとっては増殖至適温

表 4･2　南極海由来細菌 CA (20) -14 株および *B. subtilis* 標準株 ATCC6051 株が示す温度 17℃におけるタンパク分解潜在活性 (Vmax)，培養液 1m*l* 当たりの細菌数，および細菌 1 細胞当たりの潜在比活性（Vmax/cells）

| | Vmax<br>p mol/m*l*/h | 細菌数*<br>cells/m*l* | 1細胞当たりの比活性<br>Vmax/cells** |
|---|---|---|---|
| 南極細菌 | 2950 | $2.03 \times 10^9$ | $0.145 \times 10^{-2}$ |
| *B. subtilis* | 38.7 | $4.85 \times 10^7$ | $0.0798 \times 10^{-2}$ |
| 南極細菌／*B. subtilis* | 76.2 | 41.8 | 1.82 |

*　：落射蛍光顕微鏡による総菌数
**：f mol/cell/h

度よりやや高く必ずしも最大の活性を示す温度条件ではなかった．にもかかわらず，同菌株の細胞収量は *B. subtilis* と比較して 40 倍以上高くなっていた．また，1 細胞当たりの比活性もタンパク分解活性が極めて高いとされている *B. subtilis* よりもさらに 2 倍近く大きな値を示すことが明らかとなった．同湾の底泥付近の水温は 2 月頃には CA (20) -14 株の増殖至適温度である 12～13℃程度にまで低下することが知られている．したがって，このころには *B. subtilis* との活性の差がさらに拡大されることが予想された．

以上の結果は，南極海由来細菌 CA (20) -14 株が冬季の内湾底泥付近の環境温度で最大活性を示し前述のような冬季の環境浄化目的には理想的な細菌株であることを示唆するものである．

そこで，実際に南極海由来細菌 CA (20) -14 株を内湾底泥に添加した場合の有機物分解促進効果について調べた．§1 で述べたように，底泥中の有機物は微生物の分解を受けて可溶化あるいは無機化され，底泥から水中へ移動してい

くと考えられる．このため，底泥のもつ自浄力および南極細菌の添加効果を，水中への溶存態有機・無機窒素濃度の増加で評価しようとした．ガラスビンに底泥および海水を 1：2 の割合で入れ，あらかじめ FeTY ペプトン培地で前培養しておいた南極細菌 CA (20) -14 株を多孔質の担体（医王石）に吸着させたものを底泥表面に底泥 100 $cm^3$ に対し 18 g の割合で添加した．水温を 15℃にまた DO コントローラーにより DO 濃度を 6 ppm に保ち暗条件下で 1 週間培養し，経時的に試水の一部を採取し，溶存態全窒素および 3 態無機窒素の各濃度を測定した．両者の差を溶存態有機窒素濃度とみなした．

その結果，底泥をそのまま培養した場合には 1 週間で海水中の全窒素濃度が約 25 $\mu$M 上昇した．そのほとんどはアンモニア態窒素であり有機態窒素の増加はわずかであった（図 4･6）．一方，南極細菌を底泥に添加した場合には全

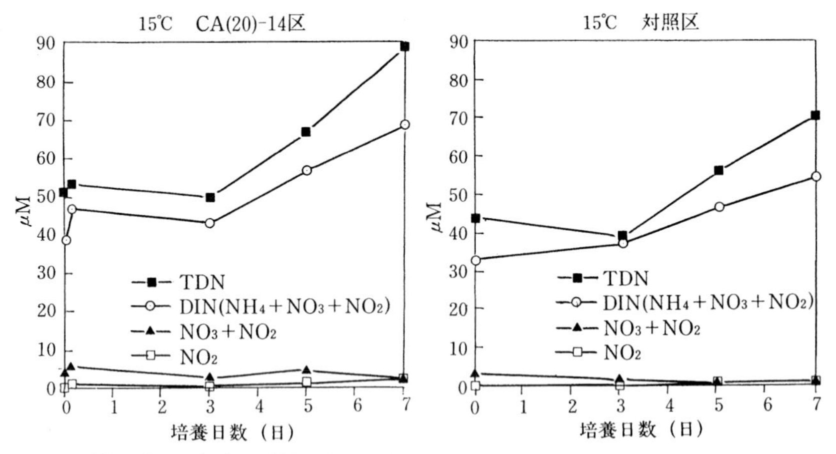


図 4･6　南極細菌 CA (20) -14 株を添加した底泥および内湾底泥のみ（対照区）を 15℃・溶存酸素濃度 6 ppm の条件で 1 週間培養したときの海水中の全窒素濃度の変化．南極細菌添加区では，細菌懸濁液を吸着させた担体を底泥 100 g に対して 18 g 添加した．全窒（TDN）と無機態窒素（DIN）との差が有機態窒素と考えられる

窒素の溶出量が 40 $\mu$M になり無添加の場合の 1.6 倍に増加することが明らかとなった．また底泥から水中に溶出した窒素の大部分は底泥のみの場合と同様にアンモニア態窒素であった．

## §6．微生物を用いた環境修復の課題と問題点

以上，枯草菌および南極海由来の好冷細菌 CA (20) -14 株を用いた内湾底泥の環境修復の可能性について述べてきた．これまで得られた結果から，これらの細菌株をフラスコや試験管内で単独で用いた場合には，大きな有機物分解活性を示すにもかかわらず，底泥に添加する形でその自浄力の促進作用を調べるとそれほど顕著な効果を発揮しない場合が多いことが分かった．

そこで問題となるのは，底泥中にもともと存在する天然の細菌群集に比較して浄化促進に用いた細菌がどの程度添加されているかという点である．内湾の底泥中には湿泥 1 g 当たり $10^8$ から $10^9$ cells もの細菌がもともと存在しているが，それに対し，浄化促進効果を期待して底泥へ添加する細菌の菌数はどれくらいの割合となっているのかを計算した．

§4 で述べた枯草菌浄化剤の場合，底泥中には約 $3\times10^8$ cells / g の細菌が存在していた．その底泥 100 g に対し $2\times10^8$ cells / g 程度の細菌が存在している浄化剤を 9 g 添加したことから，浄化剤細菌群の割合は天然の底泥細菌群の約 6%と計算された．また，南極海由来の好冷細菌 CA (20) -14 株を添加した場合についても同様の計算を行った．同菌株を FeTY 液体培地で培養して得られた菌懸濁液に担体を添加して「浄化剤」を調製した際，$2\times10^9$ cells / m$l$ 程度にまで増殖した同菌のすべてが担体に吸着したと仮定すると，約 10 $cm^3$ の担体を 100 $cm^3$ の底泥に添加した場合には，南極細菌は底泥細菌の約 20%に相当する．

以上のように，底泥 100 g に対する浄化剤の添加量が枯草菌浄化剤の場合は 9 gまた南極細菌の場合は 18 g という数字は，実際に天然環境へ散布する場合を考えれば，それほど少ない比率ではない．また，天然の底泥細菌数に対する添加細菌の実際の割合も枯草菌で 6%南極細菌で 20%という数字も，細菌が増殖することを考慮すれば十分なものであると考えられる．にもかかわらず，浄化剤添加による底泥からの有機物分解促進効果は意外に小さかった．このことは，添加された浄化剤細菌が天然の細菌群集との競合にそれほど有利に働いていないことを予想させる．天然の細菌群集の中で外来から導入された浄化細菌が“土着（autochthonous)”の細菌群と競合した場合，どの程度競合に打ち勝ち共存しうるのかについては今のところまったく知見が得られていない．導入

された細菌が天然環境で競合に破れ速やかに消滅してしまうようでは浄化の効果は期待できない．しかしながら，一方で導入細菌が天然の細菌群を駆逐するようでは環境に対してまたあらたな問題が生じる．本来海洋に存在していない細菌株を天然環境に導入することには，安全性が十分保証されなければならない．また，仮に環境において底泥細菌群との共存に成功したとしても，添加細菌による浄化の効果をどれくらいの期間持続できるかに関する情報も重要である．これらはいずれも今後に残された重要な課題である．

このように，有機物分解活性の大きい細菌を用いて悪化した内湾の水質や底泥の環境改善を行おうとする試みは，自然の自浄能力を促進する上で非常に重要かつ効果的であると考えられる．しかしそれを効果的に実用化するにはまだまだ解決しなければならない問題が多数ある．海洋細菌の生態をよく理解した上での今後の研究の発展が望まれる．

## §7. 微生物による環境浄化の方向性

これまで述べてきた微生物による環境浄化はどちらかといえば有機汚濁物質の分解・無機化に主眼をおいたものである．このことは表層から養殖給餌残渣や糞の形で海底へ供給される粒状有機物やすでにヘドロ化した内湾底泥の浄化の面からは非常に重要である．しかしながら，有機汚濁の進行した養殖漁場は一般に閉鎖系水域である場合が多く，海水交換もそれほど大きくない．そのような海域では，たとえ微生物により有機物が分解・無機化されても窒素やリンは無機の栄養塩の形で残存し，またすぐに植物プランクトンによって有機物に合成されることになり，結局は物質が同じ海域内で有機物と無機物の間を循環しているにすぎず，富栄養化の根本的な解決にはならない．したがって，環境へ負荷された窒素やリンを何らかの方法で系外（海域の外）へ回収・除去する必要が有る．

これまで，水域に負荷された窒素やリンを系外に除去する方法として，不稔性のアナアオサ[7]や貝類・ベントス[8]などに取り込ませ回収する方法が考えられている．本シンポジウムにおいてもベントスや水草による環境浄化についての講演があり，それについては本書にも収録されているので参照されたい．

ところで，このような内湾海域の有機物や無機物の回収を微生物によって行う方策の可能性はないのであろうか．細菌類や微細藻類などの微生物は上述のような大型海藻や無脊椎動物に比較してはるかに活性が高く増殖速度も大きいことから，このような微生物群集を単に有機物の分解・無機化のみならず海域に負荷された窒素やリンの回収に有効利用できれば非常に効果的であると考えられる．そこで筆者らは，瀬戸内海などで大量に生じその廃棄処分の方法が問題になっている養殖カキの貝殻に着目し，その表面積が大きく多孔質であることを利用して，カキ殻表面に増殖してくる付着微生物により水質の浄化および負荷窒素・リンの除去を行うことを検討した．

カキ殻を大きさ約 1 ないし 2 cm の小片に破砕して直径 2.4 cm 長さ 14 cm のガラス管に収容した“水質浄化リアクター”を作製し，あらかじめ 300 μm のプランクトンネットで濾過して大型の懸濁粒子を除去した内湾の有機汚濁海水をペリスタルティックポンプにより換水率 3 / h で連続的に通水して，リアクター通過前後の海水に含まれる有機・無機窒素量の差からカキ殻による水質浄化効果を調べた．その結果，通水開始直後はリアクター通過前後の海水中の全窒素濃度はほとんど変わらずカキ殻の浄化効果がみられなかかった（図 4･7）．しかしながら，通水する日数が進むに連れてリアクター通過前後の濃度差が大きくなっていった．リアクター通過前後の窒素濃度の減少量を通過前の濃度で除したものを除去率としてその経時変化を調べたところ，通水開始直後はほとんど除去率が 0 であったにもかかわらず，日を追って除去率が増

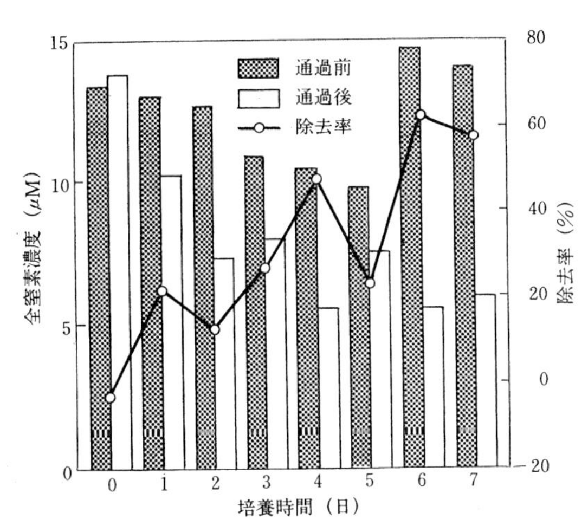


図 4･7　カキ殻を収容した“海水浄化リアクター”に内湾汚濁海水を通水した場合のリアクター通過前後の全窒素濃度およびその除去率．リアクター通過によって減少した窒素濃度を通過前の濃度で除したものを除去率とした

加していき 1 週間後にはほぼ 60%にまで上昇した．そこでリアクターを通過した海水中の窒素成分を有機態と無機窒素に分けて求めたところ，減少しているのは大部分が無機態窒素であることが明らかとなった．前述のようにカキ殻表面は非常に表面積が大きくなっており，付着性の細菌や微細藻類が付着・増殖するには好都合である．事実海水を通水し始めてから数日でカキ殻表面には多くの微生物が増殖してきているのが観察された．本実験では，浄化リアクターを明条件で培養している．したがって，以上の結果は，汚濁海水を通水している間にカキ殻を付着基盤にして様々な微生物が増殖し，それらによって窒素が捕集されたためと考えられた．また，リアクターによって除去された窒素の大部分が無機態であったことを考えると，カキ殻表面に増殖してきた付着性の微細藻類によって海水中の窒素成分が除去されていることが示唆された．カキ殻はほとんどコストがかからず増殖した付着微生物をそのまま基盤ごと陸上に除去・回収することも可能である．また，カキ殻を多数収容した容器は様々な無脊椎生物の隠れ家にもなり，ベントスや貝類・小魚による付着微生物の消費も期待されることから，海水中からの窒素やリンの除去に効果的であることが期待された．

このように，微生物による有機汚濁海域の環境浄化を考えるには，同時に有機物の回収方法についても考慮する必要がある．今後の検討成果を期待したい．

## 文　献


1）木村晴保：水産工学, 25, 59-60 (1989).

2）木村晴保・李　炯来・毛戸政知・山田能健・石田善久・広田仁志・村上幸二：水産工学, 32, 189-194 (1996).

3）H.-G. Hoppe, S.-J. Kim and K. Gocke : *Appl. environ. Microbiol.*, 54, 784-790 (1988).

4）西島敏隆・深見公雄・大山憲一・三好英夫：くろしお特別号（高知大学黒潮圏研究所報), 8, 37-48 (1994).

5）U. Simidu, E. Kaneko and N. Taga : *Microb. Ecol.*, 3, 173-191 (1977).

6）K. Fukami, U. Simidu and N. Taga : *Bull. Japan. Soc. Microb. Ecol.*, 1, 29-37 (1986).

7）長濱豊一・平田八郎：水産増殖, 38, 285-290 (1990).

8）堤　裕昭・門谷　茂：日水誌, 59, 1343-1347 (1993).

# 5. ベントスによる漁場底泥の環境修復

門谷　茂[*1]・堤　裕昭[*2]

タイやハマチなどの魚類養殖漁業は，わが国では世界に先駆けて，1927 年には香川県の引田町で実用化され，戦後の高度成長期である 1960 年代以降，西南日本の沿岸域において本格的に開始された．その当時，近隣諸国との領海問題や 200 海里の漁業専管水域の設定による水産資源の利用に対する問題が複雑化し，遠洋漁業の将来にさまざまな波紋が広がっていた．そのため沿岸漁業においては，魚類資源の安定的供給をめざして「作り育てる漁業」の振興が進められた．「需要の強い魚類の選択的かつ計画的に生産を行うことが可能であるとともに 200 海里体制の定着に伴う沿岸漁場の有効利用を図る観点から極めて重要なものである」[1] という考えのもと，日本各地の沿岸の入り江では魚類養殖漁業が急速に普及していった．近年では，生産量も増加の一途をたどり，1992 年には年間約 26 万トンに達しており日本沿岸海域の魚類生産量の約 50％を占めるまでになっている[2]．もはや，魚類養殖漁業抜きにしては沿岸漁業を語ることはできず，主要な食糧生産手段の一つとして位置づけられるまでに発展してきた．

ところが，この新しい漁業には未解決の根本的な技術的問題が残されている．この養殖法は，給餌することでハマチなどの養殖魚が，広い大海で餌を探索するためのエネルギーを使わせないことにより，魚の成長効率を増大させる考え方の基に実施されている．しかしながら，生態学的な法則性に従えば，食物連鎖における 1 段上位の栄養段階の生物に対するエネルギーの転換効率は 10％程度に過ぎない[3]．魚類養殖場において，タイやハマチなどの養殖魚は，人為的に設定された食物連鎖上において，餌となるイワシなどの捕食者であり，イワシに対して 1 段上位の栄養段階の生物となる．これらの生物間におけるエネルギー転換効率も，10％程度という生態学的な法則性に従うはずである．実際に，

[*1] 香川大学農学部
[*2] 熊本県立大学生活科学部

ハマチの養殖生け簀における物質収支を推定すると，餌として生け簀に投入された有機炭素および有機窒素の約 10～20％程度しか，養殖魚の成長に寄与していないことがわかっている[4,5]．残りは，餌が直接に溶存物質や懸濁物質となったり，魚類の代謝活動で分解されて栄養塩となり，養殖場周辺の海域に回帰・流出する．または糞や残餌として養殖生け簀直下の海底に沈積して海底を汚染する．こようにして海底に沈積していく糞や残餌などの沈澱物の量は，生け簀で使用した餌の約 10％程度であると推定されている[6]．このように，海洋生態系における物質循環の基本構造を無視，あるいは軽視した過度の魚類養殖の進展は一方で多くの問題点をはらんでいる．現在では，多くの魚類養殖場において，養殖生け簀直下の海底に大量の有機物が堆積していることが知られている．その有機物からは，嫌気的な分解過程を経て生物にとって極めて有害な硫化水素が生産され，海底はヘドロ化し，養殖漁場環境の悪化を招いている．このように，人為的な有機物負荷によって継続的な有機物の沈降が起こり，魚類養殖生け簀直下の海底においては大量の有機物が堆積する．その堆積物中に含まれる有機物は，硫酸塩還元菌による嫌気的な分解過程を経て硫化水素の発生を招き，底質は有機汚泥（いはゆるヘドロ）化している．このような海底の有機物汚染は，その直上の生け簀の設置されている所の水質も悪化させ，養殖魚の死亡や急病の発生の原因となり，魚類養殖漁業自体にも危機的な状況をもたらすことになることが懸念されている．日本の沿岸漁業の主要な形態の一つにまで成長してきた魚類養殖漁業を永続的に維持し，発展させていくためにも，沿岸域の環境保全のためにも，魚類養殖漁業による海底の有機物汚染問題を早急に解決する技術の確立が待たれている．

## §1．汚泥浄化のための従来の施策

従来から，ヘドロ化した海底環境を改善する対策として，海底に堆積したヘドロの浚渫や覆砂，石灰の投入などの他，湾口部の掘削によって海水交換を促進し海底の有機物の分解を促進する方法，潮汐ダムや潮汐流ポンプなどを用いて海底に溶存酸素濃度の高い海水を供給する方法，あるいは直接的な曝気やイオン交換剤などを用いる化学的処理あるいは枯草菌などを用いたバクテリアによる有機物の分解の促進をねらったもの，などが提案されている[7]．しかしながら，これらの対策法はいずれも，埋め立てなどと同様に，海域の地形・性状ひいては環境全体を変えるものであり，生態系全体に及ぼす影響については明らかでない点が数多くある．さらにこれらの汚泥浄化対策案はいずれもコストが高く，そのコストに見合う効果が得られているのか疑問である．いずれにしても，そのコストの高さのために，何らかの公的な助成なくしては成立し得ないものばかりで抜本的な対策とはなっていない．このような物資の生産に伴って生じる廃棄物の処理は，そのコストが生産によって得られる利潤の一部でまかなえる方法でない限り，一般には普及しないと考えられる．

## §2．新しい方法の提案

筆者らは，この養殖生け簀直下の海底に堆積したヘドロを除去する問題について，海洋生態学あるいは，海洋環境化学的な視点から，ベントスの生物活性を利用する方法を試みてきた[8~9]．通常の健全な海域において，海底に堆積した有機物は，細菌，繊毛虫類，メイオベントス，マクロベントスなど様々な生物の共同作業で分解されていく．しかしながら，しばしば極度に嫌気的な環境条件が形成されるヘドロの中では，このような有機物を分解すべき多様な生物の姿は見られない．そのことが，さらに海底における有機物の分解能力を低下させ，有機物の堆積に拍車をかける結果となっていることは論をまたない．

筆者らは，ヘドロ化した底質に生息する数少ないマクロベントスの中で，最も代表的な生物である堆積物食の多毛類，イトゴカイ（*Capitella* sp. 1 の生態学的特性に注目してきた[10~14]．この種は，非常に特徴的な繁殖様式および生活史をもっている．雌は棲管の中に産卵し，卵および孵化した幼生を保育する．その結果，浮遊幼生期間が数時間～1 日程度に短縮され，幼生分散が著しく抑制される．また，前繁殖期間が約 1～2 カ月間で，個体群としては周年にわたって繁殖を行うことができる．その結果，有機物汚染域内の局地的な範囲においては，しばしば爆発的な個体群繁殖能力を発揮することになる．

筆者らは，過去 5 年間にわたって，この種の生物活性によってヘドロ化した底質の有機物の分解を促進する実験を行ってきた．また，そのコスト面からの実用性も十分に考慮しながら実用化のための研究を行ってきた．本稿においては，イトゴカイを用いて行った底質浄化の室内実験の概略を報告し，この生物を用いたヘドロ化した底質の浄化に関する基本的なアイデアを紹介する[8, 9, 15~17]．

## §3．浄化効果確認実験の概要

実験に用いた海底泥は実験に使用する前に－20℃で一旦凍結し，泥中に生息するベントスを死滅させた．6 個の円柱状のアクリル製の実験容器（直径 15 cm，高さ 20 cm，容量 3.5 *l*）に，実験容器内の深さが 6 cm になるように泥を入れ，海水を 1 *l* 入れて，21℃の恒温条件下に置いた（図 5･1）．また，海水

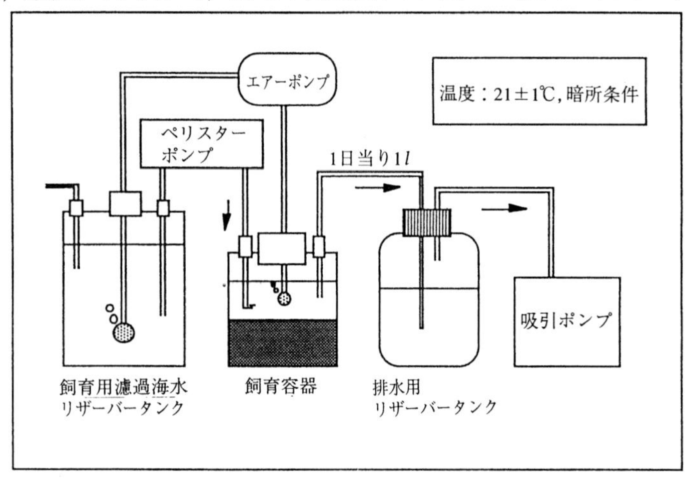


図 5･1　イトゴカイ飼育実験用システム

は別の容器で酸素を飽和させたものを 1 日当り1 *l* の割合で更新した．4個の実験容器をそれぞれ 2 個ずつ Expt. 1 および Expt. 2 用とし，実験開始時にイトゴカイの幼生をそれぞれ 250 と 500 個体を放った．これらの幼生は即座に定着変態して，底泥を摂食し始めた．残りの 2 個の実験容器はコントールとして用い，イトゴカイを入れなかった．これら 6 つの実験容器には，毎日ハマチ養殖用のモイストペレットを粉末にして添加すること

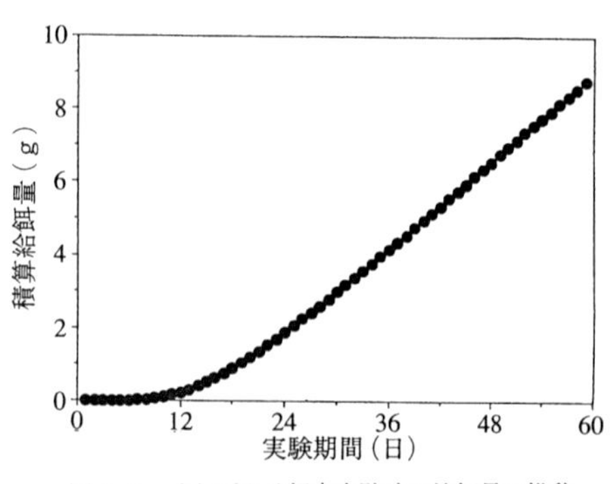


図 5･2　イトゴカイ飼育実験時の給餌量の推移

によって，実験容器内の泥に有機物負荷をかけた．モイストペレット添加量の維持変化を積算量として図 5･2 に示した．60 日間に及ぶ実験期間において，実験容器 1 個当たりに添加したモイストペレットの総量は，8.95 g であった．この量は実際にハマチ養殖を行っている海域における有機態炭素負荷量にほぼ匹敵している．

実験容器の海水は穏やかに通気し，オーバーフローしてきた海水を別容器に受け，直上水試料として栄養塩類の分析に供した．12 日毎に容器内の泥をアクリル製のコアサンプラー（直径 3 cm，高さ 5 cm）を用いて 2 個のサンプルを採取した．1 個はイトゴカイの実験個体群の分析用のサンプルとし，10％ホルマリン溶液で固定後，125 $\mu$m のふるいを用いてふるい，イトゴカイのソーティングおよび計数を行った．残りの 1 個のサンプルは化学分析用とし，AVS（酸揮発性硫化物：硫化水素および硫化鉄），全有機炭素および全窒素を分析定量した．

## §4. イトゴカイの増殖

実験期間中における実験容器内のイトゴカイの個体群密度の変化を図 5･3 に示した．実験開始時における密度はコアサンプル 1 個あたりそれぞれ 44 個体と 89 個体であった．平方メートルあたりの密度に換算すると，約 14,100 個体および 28,300 個体に相当する．Expt. 1 では実験開始から 24 日目に，Expt. 2 では 36 日目に密度の著しい増加が認められた．成体に成長した個体が繁殖を開始したことを示している．実験開始後から 60 日目にはどちらの実験系においてもイトゴカイの密度は，実験開始時の密度のそれぞれ 138 倍および 114 倍に増加しており，平方メートル当たりでは 1,000,000 個体以上に達していた．

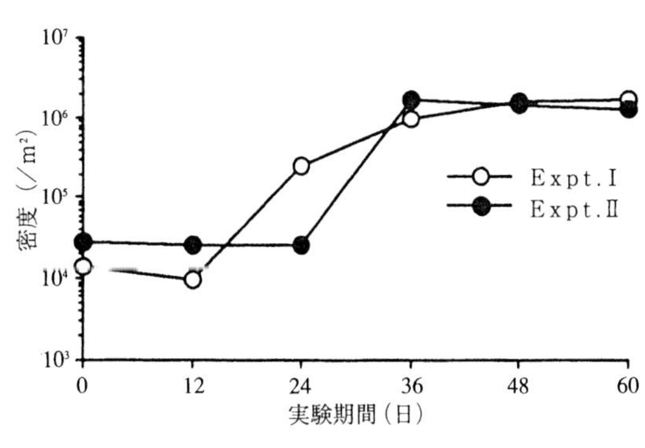


図 5･3　飼育実験におけるイトゴカイの個体数の増加

## §5．有機物濃度の変化

底泥の全有機炭素のレベルの変化を図 5·4 に示した．実験開始時における底泥表層（0～1 cm 深）の全有機炭素のレベルは，約12～13 mg / g であった．底泥中にイトゴカイをいれなかったコントロール実験では，実験開始後から 42 日目以降より増加傾向を示した．実験開始後から 60 日目には，40.0 mg / g に達した．一方，イトゴカイを入れた Expt. 1 および Expt. 2 においては，底質の全有機炭素のレベルが 15～17 mg / g の範囲を変動し，コントロール実験のような顕著な濃度の増加は認められなかった．

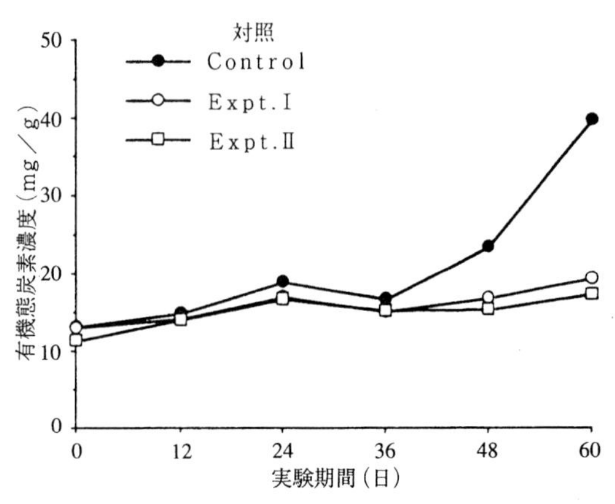

図 5·4　イトゴカイ飼育実験時における表層堆積物中の有機態炭素濃度の変化

実験容器内の底泥の全窒素のレベルの変化も同様な傾向がみられた（図 5·5）．実験開始時における底泥の全窒素のレベルは，約 1.6 mg / g であった．コントロール実験では，実験開始後から 60 日目に 7.1 mg / g に増加していた．これに対して，Expt. 1 および Expt. 2 においては，それぞれ，2.3 mg / g および2.6 mg / g であり，実験開始時のレベルと有意な差は認められなかった．以上のように，コントロール実験においては有機物の添加量に比べて分解量が下回り，有機物の一部が，未分解のまま

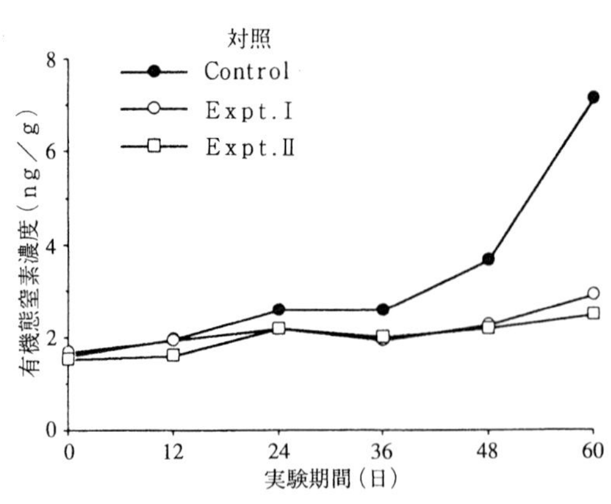

図 5·5　イトゴカイ飼育実験時における表層堆積物中の有機態窒素濃度の変化

堆積していくことが認められた．一方，イトゴカイを入れた Expt. 1 および Expt. 2 においては，実験容器への有機物の添加にもかかわらず，有機物レベルの増加が認められなかった．これは，イトゴカイによる底泥の摂食や撹拌などの生物活性によって，有機物の分解が促進された結果であると考えられる．

## §6. 酸揮発性硫化物（AVS）の変化

図 5･6 には底泥表層（0〜1 cm 深）の AVS の変化を示した．図 5･4 および図 5･5 に示したように，コントロール実験においては，添加した有機物の一部が未分解のまま底泥表面に堆積し，有機物のレベルが実験期間の半ばより増加していった．それに伴って，底泥の AVS のレベルも著しく増加した（図 5･6）．実験開始時の AVS のレベルは 0.37 mg / g であったが，実験開始後一時的に低下したが，18 日目から増加し始め，実験開始後 60 日目には 0.52 mg / g に達した．底泥表面は黒色を呈して，硫化水素臭を放ち，いわゆるヘドロ化した状態であった．一方，底泥の有機物レベルの増加傾向が認められなかった Expt. 1 および Expt. 2 においては，底泥の AVS のレベルが実験期間後半において減少する傾向が認められた．実験開始後 60 日目には，それぞれ 0.12 mg / g および 0.13 mg / g となり，コントロール実験の値（0.52 mg / g）とは著しい差が認められた．イトゴカイによる有機物の分解促進の結果，明かに底泥の嫌気化が抑制されることが認められた．

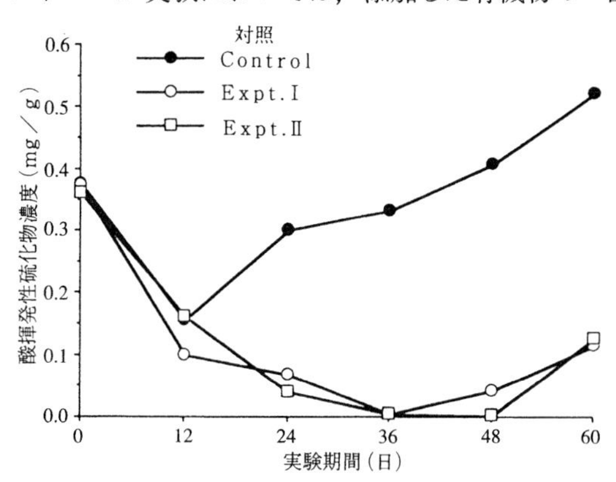


図 5･6　イトゴカイ飼育実験時における表層堆積物中の酸揮発性硫化物濃度の変化

## §7. イトゴカイによる底泥浄化に関する基本的考え方

ハマチなどの養殖生け簀の直下では，先に述べたように，残餌や糞などの沈降によって底泥が極度に嫌気的な状態に至る．その過程は概略以下のように進行する．海底に到達した有機物の一部は，好気性細菌により酸化的に分解される．この際，海水中の溶存酸素が消費されるが，さらに多量の有機物の負荷が有ると，底泥直上水中の酸素が次第に欠乏して底泥中では，溶存酸素を必要としない嫌気性細菌による有機物の還元的な分解が進行する．その結果底泥中の酸化還元電位が低下するとともに，海水あるいは間隙水中に存在していた $SO_4^{2-}$ が硫酸還元菌の働きによって底泥中で還元され，生物にとって極めて有害な硫化水素（$H_2S$）が生成する．

これらのことから，「浄化」にはいくつかの異なるプロセスを想定する必要が有ると思われる．第一に，海底まで沈降してきた有機物の消費・分解過程についてである．イトゴカイが沈降してきた有機物（例えば，モイストペレットや糞）を直接食べているわけではない（もちろん一部摂食していることは考えられる）ことが別の実験で判っているので，図 5･4，5･5 に見られる負荷された有機物の顕著な減少は，まず微生物による有機物の分解と，その増殖した微生物などをイトゴカイが食べるという，少なくとも 2 段階のプロセスが存在することが予想される．

## §8．底泥有機物浄化のメカニズム

そこで，次に堆積物中に生息しているバクテリア生物量の増減にイトゴカイがどのように関与しているのかについて明かにするための実験を実施した．

この実験には，図 5･7 に示した様な小型の容器を使用した．容器毎に厚さ 1 cm になる硫黄に，先の実験と同様の堆積物を入れ，濾過海水を加えた．コントロール以外の容器には各々 5 個体のイトゴカイ成体を入れ，実験は 21＋1℃の暗所で行った．この濾過海水は毎日取り換え，それぞれについて溶存無機態窒素（$NH_4$-N,

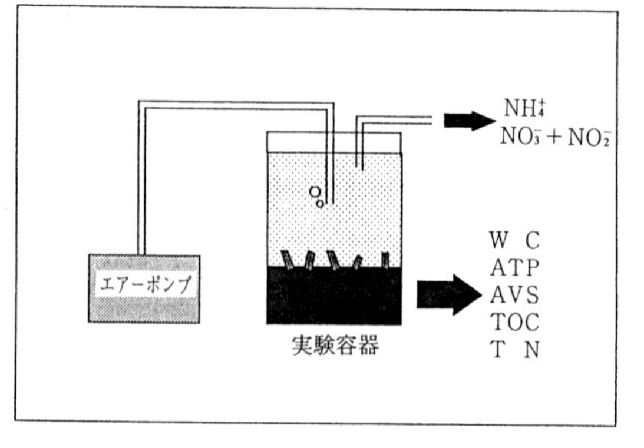


図 5･7　有機物分解メカニズム解明用実験システムの概要

$NO_3+NO_2$-N）を分析した．

堆積物については，5 日目まで毎日 3 本づつ取り上げ，イトゴカイを取り除いた後，酸揮発性硫化物量（AVS），ATP，有機態炭素・窒素量を測定した．得られた結果のうち，ATPとAVSの経時変化を図5·8，5·9 に示した．

図5·8から明らかなように，イトゴカイを入れなかったコントロールでは，ATP 量がほとんど変化していないが，イトゴカイがいた容器では，顕著に増加していた．この ATP 量の増加は，バクテリア現存量を効果的に増大させる働きをしていることが予想される．ここで増殖したバクテリアは，同時に測定した海水中でアンモニア態窒素が主成分であったことなどから，嫌気性バクテリアではないかと考えられる．しかしながら，逆に図 5·9 を見ると AVS のレベルはコントロールに比べてイトゴカイを入れた方の容器が常に低い値であることがわかる．この事実と先の ATP の結果を考え併せると，イトゴカイを入れた容器内では，図 5·8 に表れた数値以上に嫌気性バクテリアの増殖が起こっており，それをイトゴカイが摂食していること，そのバクテリアは，硫酸還元菌である可能性が高い．

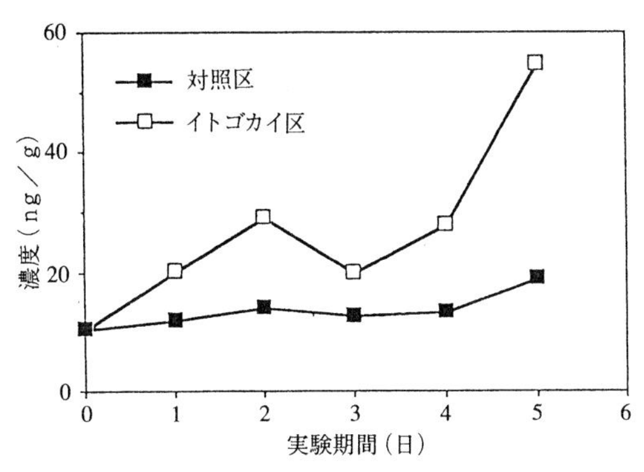


図 5·8　有機物分解実験時における表層堆積物中のATP濃度の変化

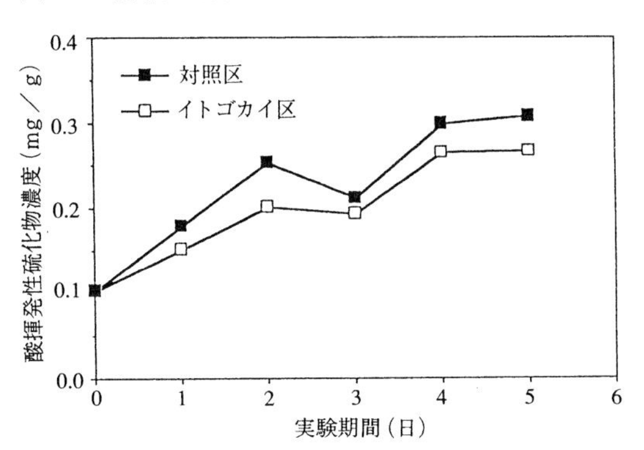


図 5·9　有機物分解実験時における表層堆積物中の酸揮発性硫化物濃度の変化

このように，図 5·6，5·8 からも明らかなように底泥中にイトゴカイが存在すると，硫化水素などは明確に減少する．有機物の分解に係わる微生物の種類は，酸素が存在しないところでは硫酸還元菌などが活躍することが予想されるが，イトゴカイがこの硫酸還元菌を摂食することにより硫化水素の発生が抑えられたことになる．このようにイトゴカイは，沈降してきた有機物を直接食べるのではなく，微生物の増殖を促し，それを利用することによって，自らの生物量を増大させていることになる．これに付随して，生物にとって極めて有害な硫化水素などの発生を抑え，他の底生生物が生息可能な環境条件を作り出しているといえる．こららのことをまとめて図式化すると図5·10 のようになる．

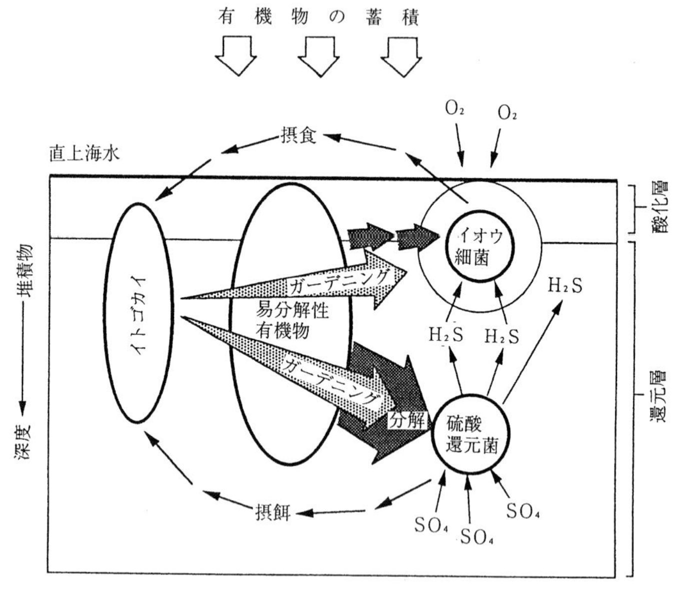


図 5·10　堆積物中でのイトゴカイと微生物群集の関係についての模式図

現在，イトゴカイによる堆積物中の有機物の分解メカニズムについて，さらに理論的な解明のために，微生物生態学や同位体地球化学の研究者らとの共同研究を実施しており，近い将来にその成果が発表できるものと期待している．その結果として，上記の図式化が一部変更される可能性がある．

## §9．イトゴカイ 1 個体当たりの有機物分解能力の推定

現場の海底泥にイトゴカイを散布して，汚泥浄化の効果を上げるために必要な個体数を算出するために，実験室における飼育実験によって，イトゴカイ 1

個体が1日当たりに分解できる底泥の有機物量を推定した．先に述べた有機物濃度の変化過程を記述した，実験を繰り返すことにより，図5·11に示したイトゴカイ1個体当たりの有機物分解能力を求めることができた．これによると，

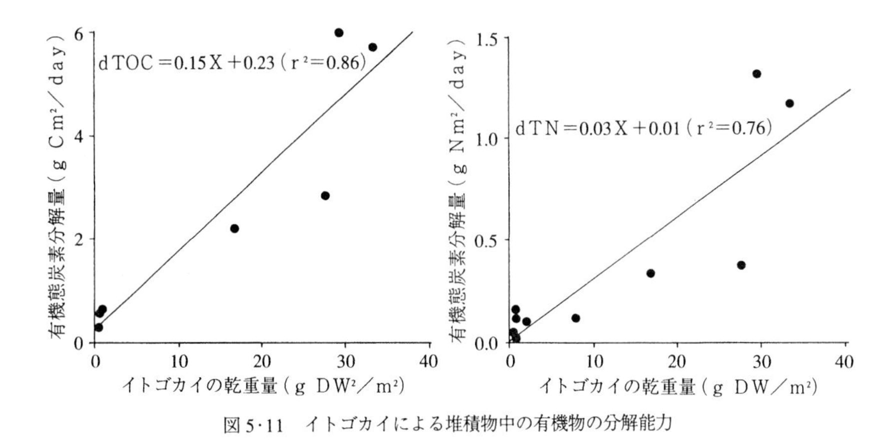


図5·11 イトゴカイによる堆積物中の有機物の分解能力

1 m² 当たり乾重量で5 gのイトゴカイが存在すれば，一日当たり1 gCの有機態炭素を完全に分解する事ができることを示している．成体のイトゴカイ1個体当たりの乾重量を500 μgとすると，これは10,000個体／m² に相当している．

## §10．現場海域への応用

イトゴカイを実際に魚類養殖場直下の汚れた底泥に撒いて，浄化の効果を上げるためには，大量のイトゴカイを用意する必要がある．魚類養殖生け簀の標準的な大きさを10 m四方と仮定すると，その直下の海底に，平均約20,000個体／m² のイトゴカイ個体群を形成させるためには，2,000,000個体を必要とする．しかしながら，図5·3でも明らかなように，イトゴカイは非常に高い個体群増殖能力を有している．筆者らの別の実験結果では，幼生が底泥に定着してから6週間後までに280倍の個体群増殖を遂げ，約2,300,000個体／m² の密度に到達した例も記録された．したがって，1つの養殖生け簀あたりで，イトゴカイを散布するために必要となるイトゴカイの飼育設備の面積は1 m² 以下ですむこととなる．さらに，飼育するときの泥の厚みは2～3 cm程度で充分で

あるので，イトゴカイの飼育には大規模な設備を必要としない．

筆者らの研究グループでは，熊本県水産研究センターの協力を得て，過去約30年間にわたって魚類（タイ，ハマチ）養殖が行われてきた熊本県の天草諸島の魚類養殖場をモデル調査海域として選定した．イトゴカイによる底質浄化実験に先立ち，調査海域の魚類養殖場およびその周辺海域に調査定点を設置し，海底環境の調査および底生生物の定量調査，および沈降粒子束などの実測を定期的に行ってきた．

この調査結果では，モデル海域の魚類養殖場直下の海底において，3.4±1.6gC / $m^2$ / day にのぼる有機態炭素の沈降粒子束が記録された[18]．先に求めたイトゴカイの有機物分解能力から算出すると，1 $m^2$ 当たり湿重量で147 g のイトゴカイ個体群が有機汚泥中に生息していれば，この魚類養殖場生け簀直下の海底に沈降してくる有機物を完全に分解できる計算となる．

図5･12に示したように，魚類養殖場直下の海底に生息するイトゴカイの自然集団は，夏季の海底環境の著しい嫌気化のために，密度を大幅に低下させている．夏季にイトゴカイを魚類養殖場周辺の海底から採集することは容易なことではない．10月以降，海水の成層構造が崩れて，海底にも飽和濃度に近いレベルの溶存酸素が供給されるようになると，わずかに残った個体が急速な増殖を開始する．翌年の2～3月にかけて密度が約50,000個体／$m^2$ に到達する．ところが，4～5月にかけて水温が上昇するとともに，底泥が再び嫌気化してくるので，その影響を受けてイトゴカイの密度

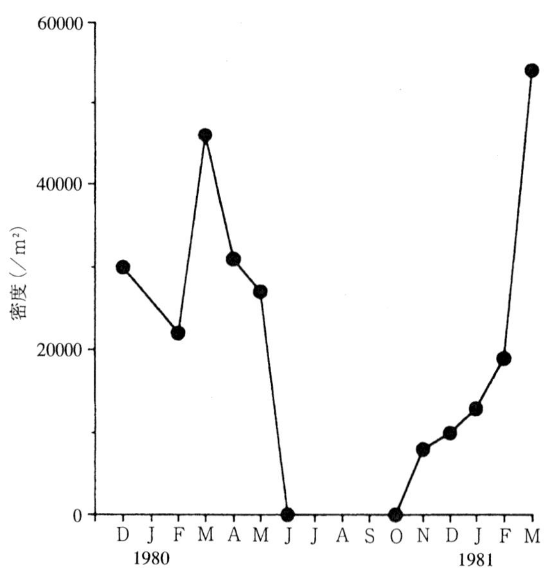


図5･12　魚類養殖場直下の海底におけるイトゴカイの密度の変化の一例[8]

は大幅に低下し，6 月にはほとんど姿を消してしまう．したがって，自然条件のままでは，イトゴカイの高密度コロニーが形成されて，そのコロニーの生物活性によって海底に沈降してくる有機物が完全に分解され，さらに海底に堆積した有機汚泥の浄化にも寄与できると期待される期間は，冬季のわずか 2 カ月程度に限られることが推測される．

そこで，筆者らは現場の海底の環境条件が回復次第，人工的に培養したイトゴカイを散布し，できる限り速やかにイトゴカイの高密度コロニーを形成して，イトゴカイが海底に堆積した有機汚泥の浄化に寄与できる期間を極力延長することをめざしている．西日本の沿岸海域では毎年 10 月初旬頃に海水の成層構造が崩れて，鉛直混合が起きる循環期へ移行する．この直後に，密度で 1 $m^2$ あたり約 20,000～30,000 個体に相当するイトゴカイを現場の有機汚泥に散布し，一気に高密度コロニーを形成する．生物活性は温度に依存しているので，水温が 22～17℃の範囲にある 10～11 月にかけてこのような高密度コロニーを形成できれば，その代謝活性量は自然条件で冬季に形成される高密度コロニーよりもはるかに大きくなることが予想される．有機汚泥中の有機物の分解量を同じ密度のコロニーで比較すれば，冬季の水温が 12～14℃の範囲の温度条件の時よりも数倍大きいはずである．また，生活環も短いのでその分コロニーの増殖率も高くなるので，自然条件のままよりもさらに高い密度に増殖する可能性も期待できる．

筆者らは，次の実験段階として，魚類養殖場直下の海底に研究室で大量培養したイトゴカイのコロニーを散布する実験を既に実施している．この実験を通して，魚類養殖場直下の海底においても，散布したコロニーがこれまでの室内飼育実験において得られている，個体群の爆発的な増殖力，底質の AVS の酸化力，および有機物分解力を発揮できるかどうかを検証中であり，その結果を基にして汚泥浄化対策としてのこの試みの実用性についても多方面の協力者とともに検討中である．

## 文　献

1） 農林水産省：平成 3 年度農林水産省年報，1993，465pp.

2） 農林水産省経済局統計情報部：平成 4 年漁業・養殖業生産統計年報，農林統計協会，

1994, 289pp.

3) T. R. Parsons, M. Takahashi and B. Hargrave : Biological Oceanographic Processes 3rd Edition, Pergamon Press, Oxford,1984, pp.330.

4) 田中啓陽：汚染物質の堆積過程，浅海養殖と自家汚染（日本水産学会編），恒星社厚生閣，1977，pp.42-51.

5) 荻野静也：汚染物質の物理的挙動，浅海養殖と自家汚染（日本水産学会編）恒星社厚生閣，1977，pp.31-41.

6) S.Montani : An estimation of bioelements (C, N, P, Si) budget in fish farming culture. (in preparation)

7) 日本深海技術協会：沿岸域における海洋研究・海洋利用の動向及びそれに必要な技術の抽出に関する調査報告書，1993，pp.289.

8) 堤　裕昭・門谷　茂：日水誌，**59**，1343-1347（1993）.

9) C. Chareonpanichi, S. Montani, H. Tsutsumi and S. Matsuoka : *Mar. Pollut. Bull.*, **26**, 375-379 (1993).

10) H. Tsutsumi and T. Kikuchi : Amakusa *Mar. Biol. Lab.*, **7**, 17-40 (1983).

11) H. Tsutsumi and T.Kikuchi : *Mar.Biol.*, **80**, 315-321 (1984).

12) H. Tsutsumi : *Mar.Ecol. Prog. Ser.*, **36**, 139-149 (1987).

13) H. Tsutsumi : *Mar.Ecol. Prog. Ser.*, **63**, 147-156 (1990).

14) H. Tsutsumi, T. Kikuchi, M. Tanaka, T. Higashi, K. Imasaka and M.Miyazaki : *Mar. Pollut. Bull.*, **23**, 233-238 (1991).

15) 門谷　茂・堤　裕昭・チャルマス＝チャレオンパニッチ・中村　宏：第12回海洋工学シンポジウム，501-505（1994）

16) C. Chareonpanichi, H. Tsutsumi and S. Montani : *Mar. Pollut.Bull.*, **28**, 314-318 (1994).

17) 堤　裕昭・門谷　茂・河邊　博：熊本県立大学生活科学部紀要，**1**，45-53（1995）.

18) 門谷　茂・河辺　博・山野耕一・宮原才郎・平田　満・堤　裕昭：平成6年度日本水産学会春季大会要旨集60.

# 6. 水生植物による内湾域における環境修復

川　端　豊　喜*

波穏やかな砂泥質の浅海域には，しばしば海産顕花植物であるアマモ（*Zostera marina*）を主体に構成されるアマモ場が分布している．アマモ場は沿岸域の重要な一次生産の場であるとともに，重要な魚介類の産卵・育成の場であることは古くから指摘されており，最近では沿岸域の底質・水質浄化や景観の面からも注目されている．

一方，瀬戸内海のアマモ場は，1945 年以降大規模な衰退・消滅がみられ，特に 1965 年から 1971 年の 6 年間で殆ど半分に減っており，一部の海域を除いて減少が続いていることが報告されている[1)]．アマモ場の消滅原因として，第一に埋め立てと干拓があげられており，そのほかに沿岸域の水質汚濁に伴う透明度の低下が考えられている[1, 2)]．このようなアマモ場の減少傾向を背景として，沿岸域の環境修復を目的に，アマモ場造成のための研究が瀬戸内海に面する各県の水産試験場を中心に比較的最近になって行われるようになった[3, 4)]．しかし，造成アマモ場の群落を長期に維持し，種子からの再生産が確認されるまでには至っていない．

本稿では，筆者らが山口県柳井湾において実施したアマモ場の環境調査，アマモの生態調査およびアマモ場造成試験結果[5, 6, 7)]を紹介するとともに，これらの調査・試験結果と既存の知見を基に，アマモ場造成のための環境条件およびその手法について述べる．

## §1. アマモ場環境

柳井湾に分布するアマモ場内外で底質，水質，水温，流況，光量の調査を四季にわたって行った結果，アマモの分布状況によって顕著な違いがみられた項目は，底質の粒度組成と底層での光量であった．

アマモ密生域，疎生域および分布しない場所の底質の代表的な粒度分布を

* 中国電力（株）技術研究センター

Wentworth[8] の $\phi$ スケールで図6·1 に示した.

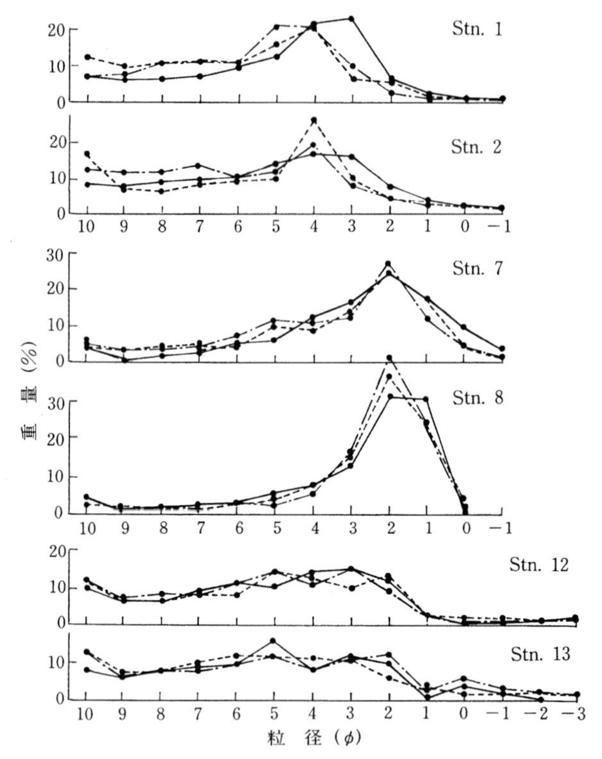


図6·1 柳井湾における底質の代表的な粒度分布[5]
$\phi = \log_2 d$ d：粒径（mm）
Stn.1,2：アマモ疎生域, Stn.7,8：アマモ密生域, Stn.12,13：アマモ分布しない
●——●：0～10 cm層, ●-·-●：10～20 cm層, ●---●：20～30 cm層

柳井湾の底質は, 砂質分を主体とした場所とシルト・粘土分を主体とした場所に大別され, アマモが密に分布している場所の底質では, $\phi=1\sim2$（粒径0.25～0.50 mm）にモードがみられ, 中砂が集中的に分布していた. アマモが分布しない場所では $\phi=2$ 以上（粒径0.25 mm 以下）のシルト・粘土分が多く, 分布が特定の粒径に集中する傾向はみられず, アマモが疎に分布する場所での粒度分布は上記の中間的なものであった. また, 筆者が調査した長崎県大村湾のアマモ場でもその底質の粒度組成は, 粒径 0.25 mm 前後の中・細砂が均一

に分布していた.

福田[9]は岡山県牛窓海域での 9 月の調査結果として，アマモが周年濃密に生育する場所の底質の粒度組成は 0.12～0.47 mm の細砂～中砂であり，アマモの分布が季節的消長を繰り返す場所では 0.02～0.11 mm のシルト・粘土分であると報告しており，川崎ら[10]は神奈川県小田和湾のアマモ場底質の粒度組成は，粒径 0.25～0.50 mm の細砂～中砂が集中的に分布していると報告している.

柳井湾でのアマモ場の分布範囲は春季～夏季に拡張し，秋季～冬季に縮小する季節変動を示し，分布限界水深は春季が 3.5 m（D.L. −3.5 m 以下同様），夏季が 3.0 m，秋季が 2.5 m，冬季が 3.0 m と季節により 2.5～3.5 m の間を変動したが，水深 1～2 m の場所は年間を通してアマモの分布密度は高かった.

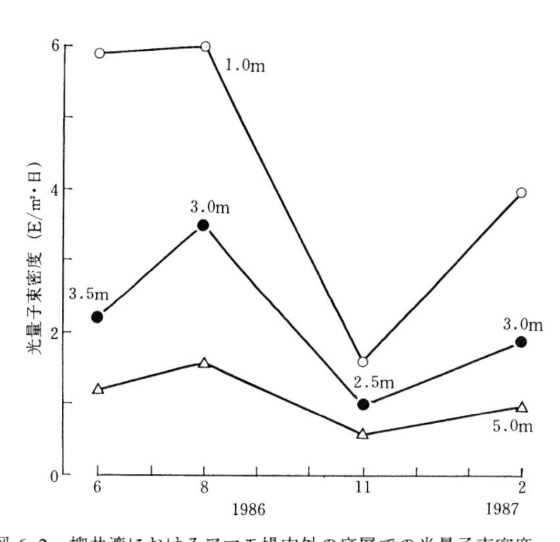


図 6·2 柳井湾におけるアマモ場内外の底層での光量子束密度の季節変化
○：アマモ場内，●：アマモ場分布下限（季節により 2.5～3.5 m 間を変動）△：アマモ場外

周年アマモの分布密度が高い水深 1 m，分布下限水深（季節によって 2.5～3.5 m 間を変動），アマモ場外である水深 5 m の底層での光量子束密度（以下光量と記す）の季節変化を図 6·2 に示す.

調査時の天空での日積算光量は，8 月に 31.4 E / m²· 日で最高であり，11 月に 13.8 E / m²· 日で最低であった. 各水深における底層での日積算光量は，年間を通して 8 月が最大で 11 月に最小となった. 周年アマモが密に分布している水深 1 m では 8 月に 6.0 E / m²· 日，11 月では 1.6 E / m²· 日であったが，アマモ場の分布下限水深での日積算光量は 8 月に 3.5 E / m²· 日，11 月には 1.0 E

/ m²· 日であった．アマモが分布していない水深 5 m では 8 月が 1.6 E / m²· 日，11 月には 0.6 E / m²· 日であった．年平均光量は水深 1 m で 4.4 E / m²· 日，分布下限で 2.2 E / m²· 日，水深 5 m で 1.1 E / m²· 日であった．また，表層に対する底層での相対光量は各水深とも 6 月が最高で 11 月が最低となる季節変化を示し，各水深における年平均相対光量は水深 1 m でほぼ 25%，分布下限でほぼ 12%，水深 5 m ではほぼ 6% であった．

川崎ら[10] は小田和湾のアマモ分布下限域における年平均水中光量は，14.5〜16.4 Ly /日（2.8〜3.1 E / m²· 日）であり，同湾でアマモの移植を行った結果，年平均水中光量が 12.6 Ly /日（2.4 E / m²· 日）の場所でも 1 年間生存していたが，11 Ly /日（2.1 E / m²· 日）以下になると枯死するアマモが増えると報告している．柳井湾でのアマモ場分布下限の年平均光量は，小田和湾のそれとよく一致している．また，Drew[11] は実験室的に求めた補償光量は 28 $\mu$E / m²·s であったと報告している．本調査結果での分布限界水深の最低光量である 1 E / m²· 日を日照時間 10 時間として換算すると 27.8 $\mu$E / m²·s となり，この報告とほぼ一致する．

## §2. アマモの季節的消長と生活環

アマモの各部位の名称は，現段階で必ずしも統一されていないため，便宜上図 6·3 に示すとおり定義した．

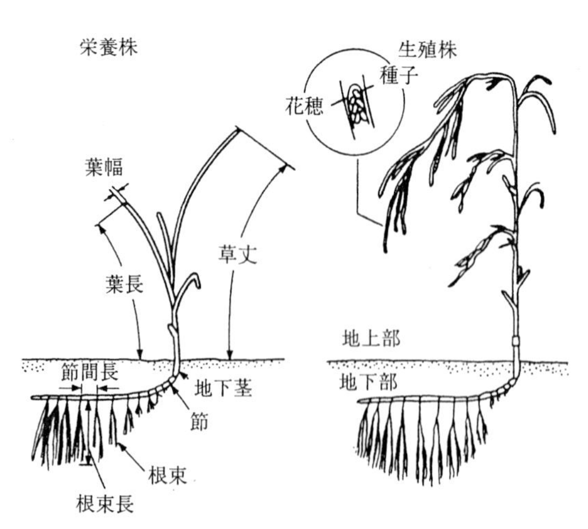


図 6·3　アマモ各部位の名称[6]

前述のように柳井湾のアマモ場は，春季〜夏季にかけて分布範囲を広げ繁茂し，秋季〜冬季にかけて分布範囲を狭め衰退するという季節変動がみられた．アマモ現存量の季節変化を図 6·4 に示した．地上部・地下部を合わせた現存量は 8 月に

182 g 乾重 / m²，2 月に 76 g 乾重 / m² であり，地上部と地下部の現存量の比は，繁茂期にほぼ3：1，衰退期にほぼ1.5：1 であった．

福田・安家[12] は岡山県牛窓海域では周年濃密にアマモが生育する場所と，秋季にほとんどアマモが消滅し，季節的に消長を繰り返す場所があることを報告している．柳井湾アマモ場の季節変動は，牛窓海域ほど顕著ではないが，傾向としてはそれに近いものであった．

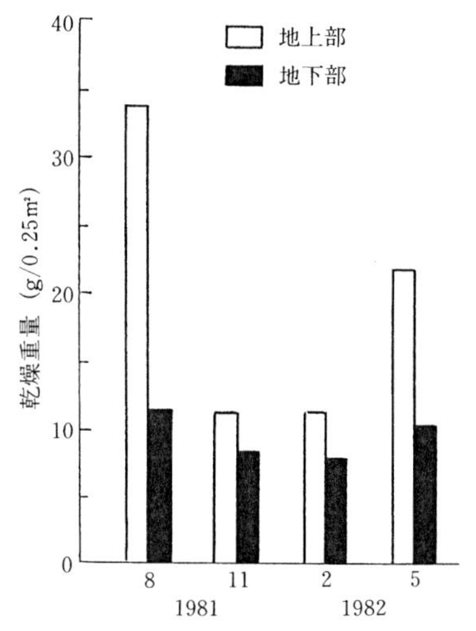

図 6·4　柳井湾におけるアマモ密生域でのアマモ現存量の季節変動[5]

柳井湾におけるアマモの生活環は図 6·5 に示すように要約できる．

11 月の調査時に明らかに実生と思われる幼体が確認されていることから，アマモの発芽体は 11 月下旬から出現し初め，1 月に発芽の盛期をむかえる．その後，7 月頃まで成長し，5～6 月は成長の盛期にあたる．この時期には栄養株は盛んに分枝する．冬季～夏季の株数は発芽体が出そろう春季に多くなるが，この頃は発芽体も越年した栄養株もまだ草丈が短く，いわゆる繁茂度からすればそう高くない．繁茂度が高く，分布範囲が最も広くなるのは成長期の終わりにあたる夏季であった．逆に繁茂度が低く，分布範囲が最も狭くなるのは株・葉が枯死・流失する秋季～冬季にかけてである．

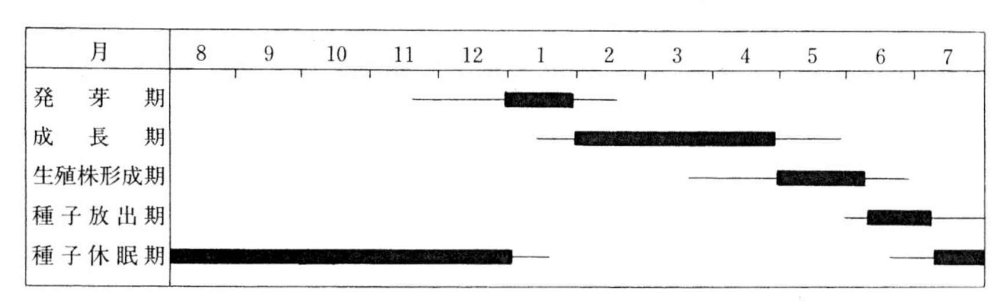

図 6·5　柳井湾におけるアマモの生活環[5]

生殖株の形成は 3 月下旬からみられ，5 月に形成盛期をむかえ，6～7 月にかけて種子を放出する．放出された種子は，夏季～秋季にかけて海底泥中で休眠し，冬季の水温の低下とともに発芽期を迎える．柳井湾での生殖株形成の盛期である 5 月の生殖株密度は最大で40 株 / $m^2$，平均 8 株 / $m^2$ であった．生殖株 1 株当たりの花穂数は平均 15 本，花穂 1 本当たりの種子数は 10～13 粒であったことから，生殖株 1 本当たりの種子数は 150～200 粒程度と推定された．

なお，川崎ら[10] は種子の発芽状況を調査し，成熟した良質種子は比重 1.20 以上であり，生殖株 1 株当たりの良質種子は 20～40 粒，平均 30 粒であったと報告している．

## §3．アマモの成長様式と生産量

アマモの現存量が増加する 4 月から 7 月にかけて，柳井湾の干潟域に生息するアマモを Zieman[13] が提唱したマーキング法によりほぼ半月毎に追跡調査し，自然に生育するアマモの成長が活発な時期の地上部，地下部の成長様式を明らかにするとともに，この期間の純生産量を試算した[6, 7]．

地上部・地下部ともに春季から夏季のうちでも特に 5・6 月に成長が活発であり，7 月にはいると成長は低下しはじめていることが確認された．成長が活発な 5・6 月には，栄養株では活発な地下茎の伸長に伴って株の移動が顕著となり，活発な分枝により株数が増加する．一方，生殖株はこの時期に花穂数が増加するとともにその成熟度も進み種子を形成する．7 月にはいると栄養株では地下茎の伸長が急激に低下し，分枝もほとんどなく，枯死・流失する株もみられた．また，生殖株は花穂の流失に伴って全ての葉が流失し，7 月下旬には立枯れの状態となった．

柳井湾では春季から夏季のアマモ栄養株 1 株当たりの平均葉数は 4.5 枚であり，葉 1 枚の寿命はおおよそ 40 日と推定され，栄養株に新しい葉が出現する頻度（葉形成間隔期）[14] はほぼ 10 日に 1 回と計算された．なお，Mukai *et al.*[15] は陸上水槽に移植したアマモの 4～6 月の調査結果として，栄養株 1 株当たりの葉数はほぼ一定で平均 5.5 枚であり，8 日ごとに新しい葉が形成され，葉 1 枚の平均寿命を 43.6 日と見積もっている．

調査期間を通して測定されたアマモの栄養株の葉長から推定された代表的な

成長曲線と成長速度を図 6･6 に示した．アマモの葉の成長は若い葉ほど活発であり，葉齢 10 日ほどの葉の成長速度は 2.5 cm / 日と推定され，葉齢がたつにしたがって成長速度は小さくなり，葉齢 30 日ほどの成長速度は 0.5 cm / 日と推定された．

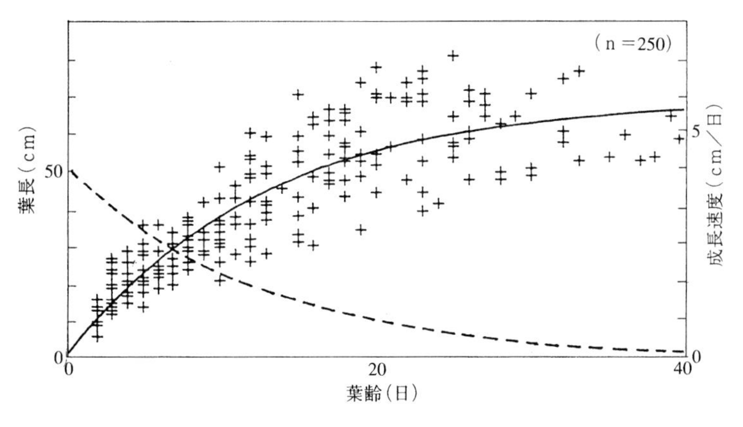


図 6･6　アマモ栄養株の葉齢と葉長の関係[6)]
———：成長曲線　$Lt=69.7\ (1\text{-}e^{-0.037-0.078t})$
- - - -：成長速度　$St=5.46\ e^{-0.037-0.078t}$
Lt：葉齢 t 日の葉長（cm），St：葉齢 t 日の成長速度（cm/日），t：葉齢（日）

地下茎の伸長は 5 月中が最大であり，この時期の成長速度は 19 mm / 日と算出された．7 月になると伸長は小さくなり，成長速度は約 3 mm / 日と 5 月の 1/6 程度であった．また，アマモ栄養株の流失葉数と地下茎の増加節数はほぼ 1：1 で対応していた．

4 月から 7 月の調査期間中の地上部の推定純生産量は，調査開始時の現存量のほぼ 8.0 倍に相当しており，日平均純生産量は約 2.3 g 乾重 / $m^2$ と算出された．一方，この期間の地下部の純生産量は約 2.2 g 乾重と推定され，調査開始時の現存量のほぼ 6.6 倍に相当し，日平均純生産量は約 0.4 g 乾重 / $m^2$ と算出された．調査期間中の地上部の推定純生産量は地下部のそれのほぼ 5.6 倍に相当していた．

Aioi and Mukai [16)] は宮城県万石浦での 5 月のアマモ炭素含有量を地上部で

乾重量の 37～43%，地下部のほとんどを占める地下茎で 30～39%であると報告している．このことから，アマモの炭素含有量を地上部で乾重量の約 40%，地下部で約 35%とすれば，柳井湾の干潟域のアマモ場における調査期間中の日平均炭素固定量は，地上部で約 0.90 g C / m²，地下部で約 0.14 g C / m²，合計約 1.0 g C / m² と算出される．

今回の純生産量の推定は，作業上の制約から大潮干潮時に干出するアマモ場で実施した調査結果を基にしたものである．一般的に，アマモにとって潮間帯は潮下帯に比べて干出，温度差など厳しい環境と考えられ，柳井湾でも潮間帯のアマモ場は，潮下帯のアマモ場に比べて分布密度が疎であり，アマモの草丈も短い傾向がみられた．したがって，潮下帯に分布するアマモの生産量は今回試算した値より高いものと考えられる．

## §4．アマモ場造成試験

### 4･1　栄養株の移植方法と移植時期

試験を行った移植タイプを図 6･7 に示した．移植タイプは地下部の底泥をつけたままの株を容器（わらこも）に入れた $\mathrm{I}_1$ タイプと容器に入れない $\mathrm{I}_2$ タイ

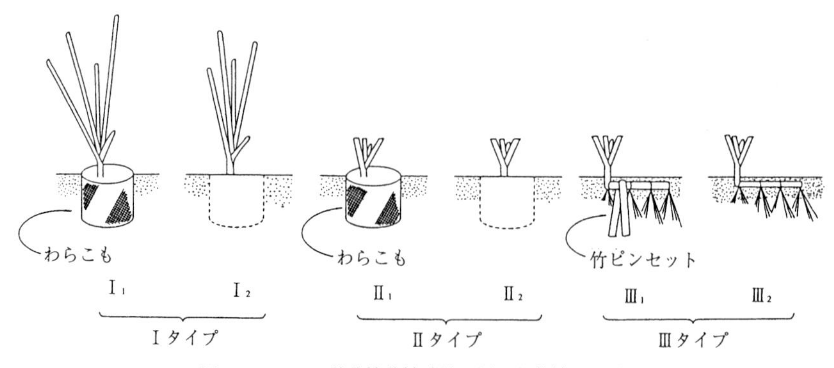


図 6･7　アマモ栄養株移植試験に用いた移植タイプ[5)]

プ，$\mathrm{I}_1$，$\mathrm{I}_2$ タイプの葉の一部を切断した $\mathrm{II}_1$，$\mathrm{II}_2$ タイプ，葉の一部を切断し底泥を取り除いた株を固定（竹製ピンセット）した $\mathrm{III}_1$ タイプと固定しない $\mathrm{III}_2$ タイプの 6 タイプに分けた．なお，葉を切断するタイプについては，成長点を

含む幼芽を残すよう地上部を 10〜20 cm 程度残して切断した．なお，いずれのタイプも株採取時に地下茎が 5 節程度残るよう配慮した．移植時期は，柳井湾で成長期の前にあたる 12 月，成長期の初期にあたる 2 月，成長期の盛期にあたる 5 月とした．

栄養株の移植方法としては，葉を切断せず底泥をつけたままのⅠタイプが好適と考えられた．いずれの移植タイプもそのほとんどが，移植 1 か月後には移植時の株数を上回っていたが，とくにⅠタイプでその傾向が強く，その後の移植株数に対する相対株数も他のタイプと比べ高かった．移植半年後にあたる夏季の相対株数は，Ⅰタイプが 60〜80％に対し，Ⅱタイプはほぼ 30％，Ⅲタイプは 30〜65％であった．葉を切断したⅡ，Ⅲタイプは，Ⅰタイプに比べ葉面積が小さいためか，活着数や移植初期の分枝数が相対的に少なかった．しかし，葉を切断したタイプのものでも生残した株については葉は順調に伸長し，移植 1〜2 か月後には葉を切断しないものとほぼ同じ草丈となった．また，移植株の固定の有無については，当海域の底層流速が微弱なためか，移植株の生残に顕著な差はみられなかった．

移植時期はアマモの成長期の初期にあたる 2 月が適期と考えられた．2 月に移植した株は他の月に移植したものと比べ生残率が高く，生残株に対する生殖株形成率も 12 月移植分が 2〜8％，5 月移植分が 0.5％以下に対し，2 月移植分は 20〜30％と著しく高かった．2 月移植分がなぜ多くの生殖株を形成するのかその理由は不明であるが，生殖株形成率の高さから移植翌年の再生産が期待できる．

### 4·2 アマモ場造成と光量

水深別の栄養株移植および播種による造成試験での 1 年間の株数の変化を，移植株数および発芽株数に対する相対株数で示し，底層光量の推移とともに図 6·8 に示した．栄養株の移植は葉をそのままで底泥を付けたままの状態で 2 月に行い，播種は天然アマモ場から採取した生殖株を陸上水槽で培養して得た種子のうち，比重 1.2 以上のものを 11 月に行った．

前述のように，柳井湾では夏の終わりから冬にかけてアマモの衰退期にあたり現存量が減少するが，移植・播種したアマモは，天然のアマモと同様な推移を示した．相対株数の低下がみられた時期には底層の光量が低下しており，相対株数と光量の間に一定の傾向がみられた．株が越年した場所は水深が 0.5～2.0 m である．これらの地点における底層の光量は，春から夏にかけてはほぼ 3 E / m²･日以上であり，光量が低下する 11 月，1 月でも 1 E / m²･日を下まわることはなかった．移植・播種した株がともに消失した場所は水深が 4.0 m と深く，底層の光量は株が越年した地点に比べ低い値であり，特にアマモが消失した 11 月とその後の 1 月の日積算光量は 1 E / m²･日を下まわっていた．

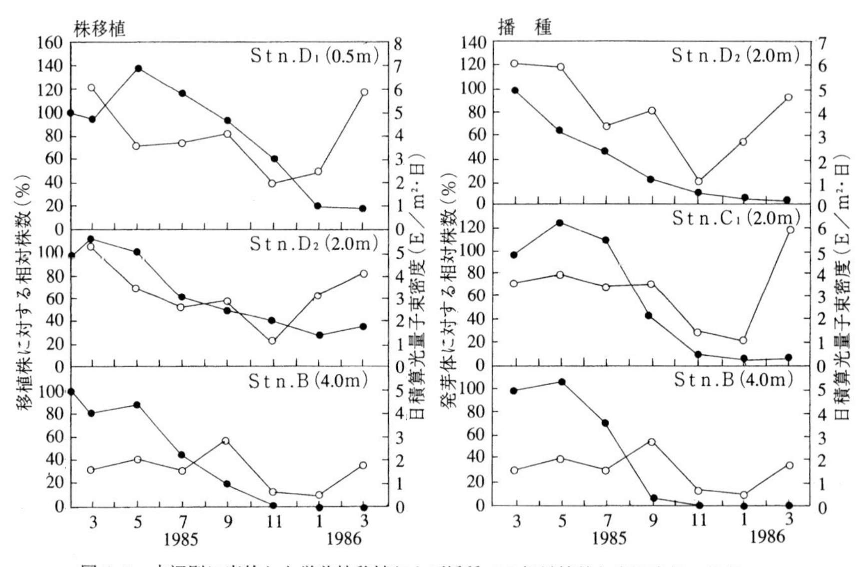


図 6･8　水深別に実施した栄養株移植および播種での相対株数と底層光量の推移[5]
●：相対株数，○：日積算光量子束密度

この試験での移植・播種した株の変動と光量との関係は，前述の天然アマモ場の分布下限での光量測定結果とよく一致しており，アマモが生残するためには衰退期でも 1 E / m²･日以上の光量が必要であることが示唆された．

## 4･3　底質の改良効果

シルト質の海底に天然アマモ場内の底質と同程度の粒径の細・中砂を客土した場所（客土区）と客土しない場所（非客土区）で播種試験を行った．

客土区と非客土区で差がみられたのは播種後の発芽率であり，非客土区が約 11％であったのに対し客土区では約 17％であった．また，播種後覆土をした場合としない場合についても試験を行ったが，非客土区では覆土の有無による発芽率に差がみられなかったのに対し，客土区では顕著な差がみられ，覆土をした場合が発芽率が高く，その後の成長も良好であった．このことから，底質がシルト・粘土質の場合は中・細砂による底質改良がアマモの発芽率を高め，その後の株密度を比較的高いレベルで維持する上である程度有効であると考えられた．

## §5．アマモ場造成のための環境および手法

### 5・1　環境

**1）水温**　アマモの分布の南限は 8 月の平均水温が 27℃前後の海域であり，九州南岸が本邦分布の南限とされている[17]．大村湾では 8 月の平均水温が 30℃であった次の秋にはアマモ場が極端に衰退したことが観察されており，川崎ら[18, 19]は小田和湾のアマモは 30℃で 8 週間以内に全て枯死するが 3～4 週間は生存でき，アマモの発芽体は 28℃で 2 か月以上生きていると報告している．

一方，鹿児島湾の沿岸に作られた人工的な水路にもアマモが生育しており，この水路は夏季に水温が 30℃を越える．ここではアマモは，春～初夏に全て生殖株となり枯死し，秋～冬に発芽し再びアマモ場を形成する（野沢，私信）．

以上のことから，アマモは短期間であれば 30℃以上でも生存できるが，閉鎖性の強い内湾など夏季の月平均水温が 30℃を越えるような所では，アマモ場造成は困難と考えられる．また，このような場所でアマモ場の造成をしなければならないような場合には，鹿児島産の種子を導入するなど，アマモがもつ地域的な特性を利用することを考えなければならない．

**2）底質**　アマモ場造成には粒径 0.1～0.5 mm の細・中砂が均一に分布している底質が好ましいと考えられる．海底がシルト・粘土質の場合には，前述の粒径の海砂で底質を改良することにより，播種後の発芽率を高め，繁茂期の株密度も高く維持できることが認められた．また，シルト・粘土質の底質に海砂を客土することにより，底泥の舞い上がりによる底層での光量の減少を防ぐ効果も期待できる．なお，現状の海底の状況は，流況や波浪などの影響を受けた結果であるため，客土後の状況を維持するためには，場合によっては消波堤

や導流堤など土木工学的な処置が必要となることも考えられる．

**3）光量**　柳井湾でのアマモ場分布下限の年平均光量は 2.2 E / m²· 日であり，光量が低下する秋～冬に底層の日積算光量が 1 E / m²· 日を下廻る場所では，アマモは生存できないものと推察された．川崎ら[10]は天然アマモ場から採取した栄養株を陸上水槽で培養した実験結果として，夏季光量が 6 Ly / 日（1.1 E / m²· 日）に低下してもアマモは 1 か月程度では全く枯死しなかったが，2 か月間光量が 6～11 Ly / 日（1.1～2.1 E / m²· 日）に低下すると枯死するものがみられ，2 か月後の残存率は 60～70％であったと報告している．

以上のことより，アマモ場造成の光環境としては，年平均底層光量が 2.5 E / m²· 日以上かつ，繁茂期である春～夏に 3 E / m²· 日以上，衰退期である秋～冬でも 1.5 E / m²· 日以上であることが望ましと考えられる．しかし，このような条件が満たされる場所でも，アナアオサなどが海底を覆うような場所ではアマモ場造成は困難となる．

**4）底質面変動**　柳井湾のような波の穏やかな内湾では特に問題とならなかったが，場所によっては波浪，潮流による底質の動きが大きな問題となる場合がある．

寺脇・飯塚[20]は葉条長（草丈）の 20％以下が砂に埋まってもアマモは枯死しないが，34％以上埋まると枯死するものが認められると報告しており，川崎ら[10]は小田和湾での移植したアマモの残存状況および底質の砂面変動から，アマモ場造成に適した場所の砂面変動幅は通常 2～3 cm 以下であり，最大でも 10 cm 以上とならない場所であると報告している．

**5）干出**　三河湾[21]，小田和湾[10]，飯田湾[22]や大村湾では，アマモはほとんど干出しない場所に分布しているが，瀬戸内海の牛窓海域[12]や柳井湾では干出する場所にも分布している．寺脇・飯塚[20]はアマモの水分含量が 23％に低下しても枯死率は 10％にすぎないと報告している．

以上のように，アマモは乾燥に強いと思われるが，アマモ場造成場所としては，干出しない場所を選定すべきである．

**6）塩分**　アマモ場造成目的地が大きな河川の河口域にある場合は，その海域の塩分が問題となる場合がある．小川[23]はアマモの種子は高塩分より低塩分のほうが発芽しやすいと報告しており，川崎ら[10]は実験の結果として，アマモの種子は塩分 0 では全く発芽せず，発芽体の成長は塩分 17～34 でよく，11 以下では成長は抑制されると報告している．

このことから，アマモの適塩分範囲はかなり幅広いものと思われるが，アマモ場造成にあたっては，塩分 17 以上の場所が好ましいと考えられる．

**7） 漁業者の理解と協力**　アマモ場周辺は，底曳網漁業やかご漁業の漁場となっている場合が多い．特に瀬戸内海の浅所では冬季にナマコ漕ぎ漁が盛んに行われる．柳井湾での調査・試験時に，明らかに人為的な力によって海底に設置されていた方形枠が破損・消失したこともあった．アマモ場造成は環境面での制約から浅所で実施される．したがって，アマモ場造成に当たっては，その趣旨について周辺漁業者から理解を得るとともに，造成場所での底曳網漁や漁船航行の自粛などの協力を得ることが重要である．

### 5･2 造成手法

**1） 栄養株移植法**　天然に生育している栄養株を採取し，手植えにより移植する方法である．移植方法としては，葉を全部残し底泥を付けたままのものが最も優れた方法と考えられる．地下茎ができるだけ多く（5 節程度）残るよう生殖株を底泥ごと採取し，海底に掘った穴に底泥ごと植える．移植は移植株採取後できるだけ早く行うべきであり，移植までは移植株の葉が乾燥しないように海水に浸すか，海水で濡らした紙などで覆う．移植時期は天然のアマモの成長期が始まる冬季が最適と考えられる．柳井湾での結果では，2 月に移植したものは生残状況もよく，生殖株形成の割合が高かった．移植株密度は 100 株 / $m^2$ 程度にした場合，移植後の株の生残・維持に効果が認められた．

なお，柳井湾での移植試験場所は，波浪・潮流が弱く，移植株を固定したものとしないものの差は明確ではなかったが，潮流の速い場所や波浪の影響を強く受ける場所では，移植株をなんらかの方法で固定する必要がある．

**2） 播種法**　種子は天然に生育する生殖株を採取し，陸上水槽で光を十分あて，通気・流水状態で培養することで大量に入手することができる．生殖株は，花穂の葯が開裂したものや花穂中の種子の結実が確認できるものが多くなる時期（5 月中旬～6 月下旬）に採取し，生殖株が枯死する 7 月末まで培養する．その後，水槽の底に放出された種子をふるいなどを用いて収集する．種子のなかには十分成熟していないものも含まれているので，飽和食塩水で沈澱する良質種子を選別し播種まで保存する．保存は 1 mm メッシュのモジ網の中に種子を入れ，養殖筏などから海水中に吊るすことでできる．また，室内で保存する場合は，蓋付きの適当な容器に種子を 0.5～1.0 cm の厚さに入れ，その上に粒状活性炭を 2～3 cm の厚さに入れて海水を注ぎ，これを 15～20℃の条件で 1～2 か月に 1 回換水を行うことで保存することができる[10]．播種時期は，アマモの発芽期の前がよく，柳井湾では 11 月に行った．播種の方法は船上から蒔く方法，潜水により蒔く方法，海底に溝を掘りその中に種を蒔き覆土をする方法がある．作業の煩雑さはあるが，海底に 5 cm 程度の溝を掘り，その中に種子を蒔き溝を埋め戻す方法が最も確実である．種子から発芽した幼体は成長が速く，その年の夏頃には株移植したアマモと同等な草丈となる．

なお，波浪・潮流などの影響で底質面の変動が大きい所では，種子が散乱するため播種法は用いることはできない．

## 文　献


1）柏木正章：三重大学環境科学研究紀要，10，181-207（1985）．
2）千田哲資：藻場の造成，つくる漁業，社団法人資源協会，1969，pp. 255-271.
3）幡手格一：藻場・海中林の造成，藻場・海中林（日本水産学会編），恒星社厚生閣，1981，pp.93-115.
4）安家重材・福田富男：栽培技研，10，1-5（1981）．
5）川端豊喜・長谷川恒孝・富田伸明：沿岸海洋研究ノート，27，146-156（1990）．
6）川端豊喜・茅田弘荘・乾　政秀・平山和次：日水誌，59，445-453（1993）．
7）川端豊喜・茅田弘荘・乾　政秀・平山和次：日水誌，59，455-459（1993）．
8）C. K. Wentworth : *J. Geol.*, 30, 377-392（1922）．
9）福田富男：岡山水試研報，2，21-26（1987）．
10）川崎保夫・飯塚貞二・後藤　弘・寺脇利信・渡辺康憲・菊池弘太郎：電力中央研究所報告 U14，1988，231pp.
11）E. A. Drew : *Aquat. Bot.*, 7, 139-150（1979）．
12）福田富男・安家重材：岡山水試事報，147-152（1980）．
13）J. C. Zieman : A study of the growth and decomposition of the sea grass *Thalassia testudinum*, M. S. thesis, Univ. Miami, 1968, 50pp.
14）R. P. W. M. Jacobs : *Aquat. Bot.*, 7, 151-172（1979）．
15）H. Mukai, K. Aioi, I. Koike, H. Iizumi, M. Ohtsu, and A. Hattori : *Aquat. Bot.*, 7, 47-56（1979）．
16）K. Aioi, and H. Mukai : *Jap. J. Ecol.*, 30, 189-192（1980）．
17）S. Miki : *Bot. Mag.*, 47, 842-862（1933）．
18）川崎保夫・飯塚貞二・後藤　弘・寺脇利信・下茂　繁：電力中央研究所報告 485028，1986，18pp.
19）川崎保夫・寺脇利信・飯塚貞二・後藤　弘・下茂　繁：電力中央研究所報告 486019，1986，23pp.

20）寺脇利信・飯塚貞二：電力中央研究所研究報告485013，1985，28pp.
21）新崎盛敏：日水誌，15，567-572（1950）.
22）谷口和也・山田悦正：日水研報，30，111-122（1979）.
23）小河久朗：遺伝，28，12-16（1974）.

# 7. 水生植物による富栄養化湖沼における環境修復

沖 野 外 輝 夫[*1]・渡 辺 義 人[*2]

湖沼の富栄養化防止対策として，各地の湖で下水道の建設が行われ，それなりの効果を上げている．しかし，当初目標としていた水質へ順調に回復している例は少ないのがわが国の現状である．その原因の一つとして，それぞれの湖沼の沿岸域が人為的に改変され，本来あるべきはずの水生植物帯が損傷していることをあげることができる[1)]．諏訪湖でも富栄養化防止のために下水道計画がとりあげられ，1996 年現在で，計画の 70％を越えるまでになっている．しかし，水質の改善傾向は認められるものの，当初期待していた COD にして 3 ppm にはほど遠く，このレベルに達成することは下水道計画が 100％完成しても期待できないのが実状である．その原因も諏訪湖湖畔の改修による水生植物帯の損傷にあると指摘されている[2~4)]．水生植物帯の損傷は水質の回復に影響するばかりでなく，沿岸域に生息する生物群集，沿岸域を再生産の場として利用している生物群集の生存にも大きく影響し，結果として湖沼全体の生態系の安定性を損う原因ともなっている．諏訪湖の場合でも，下水道の普及による水質の改善傾向にもかかわらず，漁獲量が回復せず，水質が最悪の時に比べても漁獲量は 1/2 から 1/3 に減少し，回復が遅れている事実がある．

本章では，諏訪湖の事例を中心にして，湖沼沿岸域の損傷の経過と，沿岸域の生態系の構造と機能，浄化容量の推定，現在行われつつある沿岸域の修復とその課題について述べることにする．紹介する事例の多くは，水産庁の委託として日本水産資源保護協会により報告された「湖沼沿岸帯浄化機能改善技術開発」，および長野県諏訪建設事務所による「諏訪湖の水辺マスタープラン」から引用されている．

## §1. 湖沼沿岸域の浄化容量

*1 信州大学理学部
*2 信州大学繊維学部

湖沼沿岸域の損傷の経過は諏訪湖の事例で説明するのが分かりやすい．わが国の湖沼では，時期的には諏訪湖がもっとも早くに富栄養化が進行し，同時に沿岸域の人工化も徹底的に行われた．倉沢・沖野[5]によると，1976 年時点で諏訪湖の水生植物の生育面積は，最盛期の 380 ha[6]から 64 ha[7]にまで減少し，水生植物の分布限界深度も 4 m から 1.7 m にまで後退している．その後，沿岸域はさらに浚渫，埋め立てにより改変されたことから，沿岸の水生植物帯は人為的に壊滅的な打撃を被っている．

当然，漁獲量にも影響があったものと考えられるが，進行していた極度の水質汚染の影響と物理的な沿岸の破壊による影響を分離して評価することは困難であり，沿岸域の損傷による水族への影響を直接知ることができなかった．水質汚染と沿岸域の損傷が複合的に水族に影響していた 1980 年前後の漁獲量は年間約 300 トンであり，すでに深刻な水質汚染の状態にあった 1970 年の漁獲量 530 トンに比較しても，およそ 60％弱でしかないことを考えると，沿岸域の損傷が漁獲量の減少に追い打ちをかけたことは否めない．

その後，水質汚染防止のために建設されていた諏訪湖流域下水道は，1979 年にその一部が稼働開始となり，その後順調に供用面積を広げ，1995 年には計画の 70％を越えるまでに建設が進行している．それによって，諏訪湖湖内の水質も処理下水量の増加とともに，逆比例して窒素，リンなどの栄養塩濃度を低下させる傾向が続き，植物プランクトンの発生量の低下は COD 濃度の低下に結びついている．とはいっても，水質が目標値を達成するという期待はわずかでしかない．

前述したように水質の改善傾向に漁獲量の増加が同調する気配はない．むしろ，さらに減少傾向が続き，1985 年にようやく低位で安定した．1990 年から 1995 年にかけての平均漁獲量は，年間で 161 トン前後でしかない[8]．ちなみに，もっとも富栄養化が進行していた 1975 年から 1980 年にかけての漁獲量は，年間 350 トン程度であった．この時期，諏訪湖湖岸の人工化は進んでいたが，豊富な水生植物帯を有していた入江状の部分（エゴ）のいくつかは残されており，これ以降に改修された．水質の改善が漁獲量の増加に反映しなかった原因が，沿岸域の水生植物帯にあるとする根拠は，その影響がはっきりし，結果がでてしまった段階でようやく認められることになった．同時に，水生植物による水質改善効果も見直されるようになり，沿岸域のヨシを中心とする水生植物帯の重要性が注目されている．

水生植物帯が人為的に改変された原因の一つに，沿岸域の有する水質浄化力を定量的に評価できなかったことがあげられる．定性的には，水生生物の再生産の場として重要であると指摘しながら，定量的な提示ができなかったことが今日の状況に至らしめたことも事実である．

そこで，日本水産資源保護協会を中心として浄化容量という観点からの沿岸域の評価を霞ヶ浦，諏訪湖，琵琶湖について試みてきた[9,10]．ここで使われている浄化という言葉の定義は以下のように約束されている．

湖外から流入した栄養塩（炭素，窒素，リン）が湖沼沿岸帯において，水中から一時的，または永久的に除去されることにより，植物プランクトンへの取り込みを軽減させる機能を浄化と定義した．具体的には，湖底泥中での脱窒や漁獲による系外への物質の除去ばかりでなく，水生植物による栄養吸収，水生植物体への生物付着による吸収，高次栄養動物への取り込み，といった季節的変動を含む物質固定も浄化要素として扱われている．

上にあげた 3 つの湖沼はそれぞれに特徴的な沿岸帯を形成し，主役となる水生植物の内容も異なっている．諏訪湖では沿岸の浚渫，埋め立てにより，ヨシ，マコモを主とする抽水植物帯はきわめて少なく，水生植物帯の主役はエビモ，ササバモを代表とする沈水植物帯で構成されている．一方，霞ヶ浦と琵琶湖はヨシを主とする抽水植物が主役となっているが，前者は浅い，富栄養湖であり，後者は深い，中栄養湖という特徴をもっている．対象とする湖沼の状況により，水質浄化の役割を担う水生植物帯は質的，量的にどのような違いがあるかを検討しておく必要がある．

水生植物帯が人間の影響で改変されていなければ図 7·1 に示すような沿岸生態系が構成されており，抽水植物帯，浮葉植物帯，そして沈水植物帯と，それぞれの生活型に合わせて，陸側から沖側へ向けて 3 点セットの帯状分布が観察され，複合した物質循環系が形成されているはずである．図 7·1 は浮葉植物を除いた，2 点セットの形で描かれているが，沿岸における自然浄化機能を物質循環の観点から明らかにすることを目的として作成されている．沿岸域の物質循環系で栄養物質を除去または不活性化し，植物プランクトンの増殖抑制に寄与する要素としては，水生植物体の成長により直接吸収されるもの，漁獲により湖外に取り出されるもの，付着生物により吸収されるもの，湖底に堆積し，水中から除去されるもの，脱窒機能により大気中へ放出されるもの，そして湖底で成長し，湖面から大気中へ羽化するユスリカ幼虫を主体とする底生生物をあげることができる．

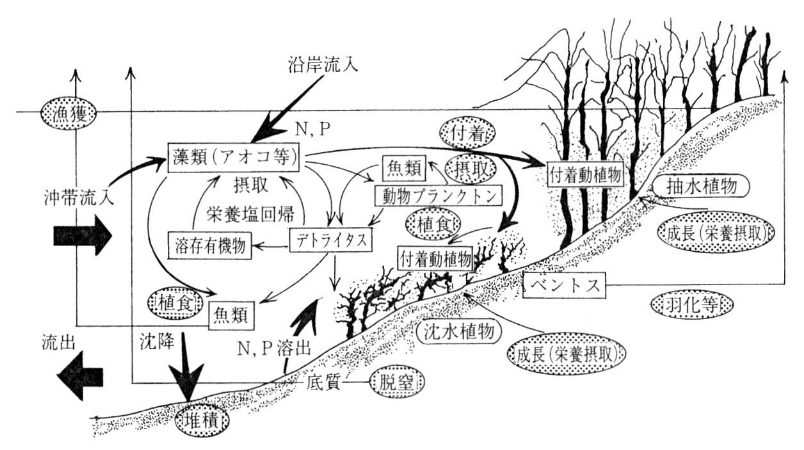


図 7·1　湖沼沿岸域の自然浄化機能の概念
ここでは，栄養物質を除去または不活性化し，藻類の増殖抑制に寄与する過程（図中に網かけした部分）を浄化要素とみなしている（日本水産資源保護協会[9]）

図 7·2 は湖沼の沖合と沿岸帯の生態系における物質循環系を模式的に示したものである．両者を比較すると，沿岸域では水生植物を中心とする生物群集間での物質のやりとりが主要な過程となると同時に沖合と同様にプランクトンを主体とする物質循環系も存在し，2 つの循環系が複合した形となっていることが理解できる．それだけ沿岸帯での物質循環系は沖合に比べて複雑であるといえよう．沿岸帯についての定量的な解析が遅れた所以でもある．

諏訪湖の場合，沿岸帯は沈水植物が主体で構成されている．そこでの浄化機能を評価するモデルにおいて主要な浄化要素としてあげられたものは，（1）沈水植物の葉体への生物付着，（2）沈水植物自体の栄養吸収，（3）底生動物（イトミミズ，ユスリカ幼虫）の摂餌とユスリカの羽化，（4）エビ，巻貝による付着物の摂餌，（5）魚介類の摂餌と漁獲（魚はワカサギ），（6）湖底泥表層での

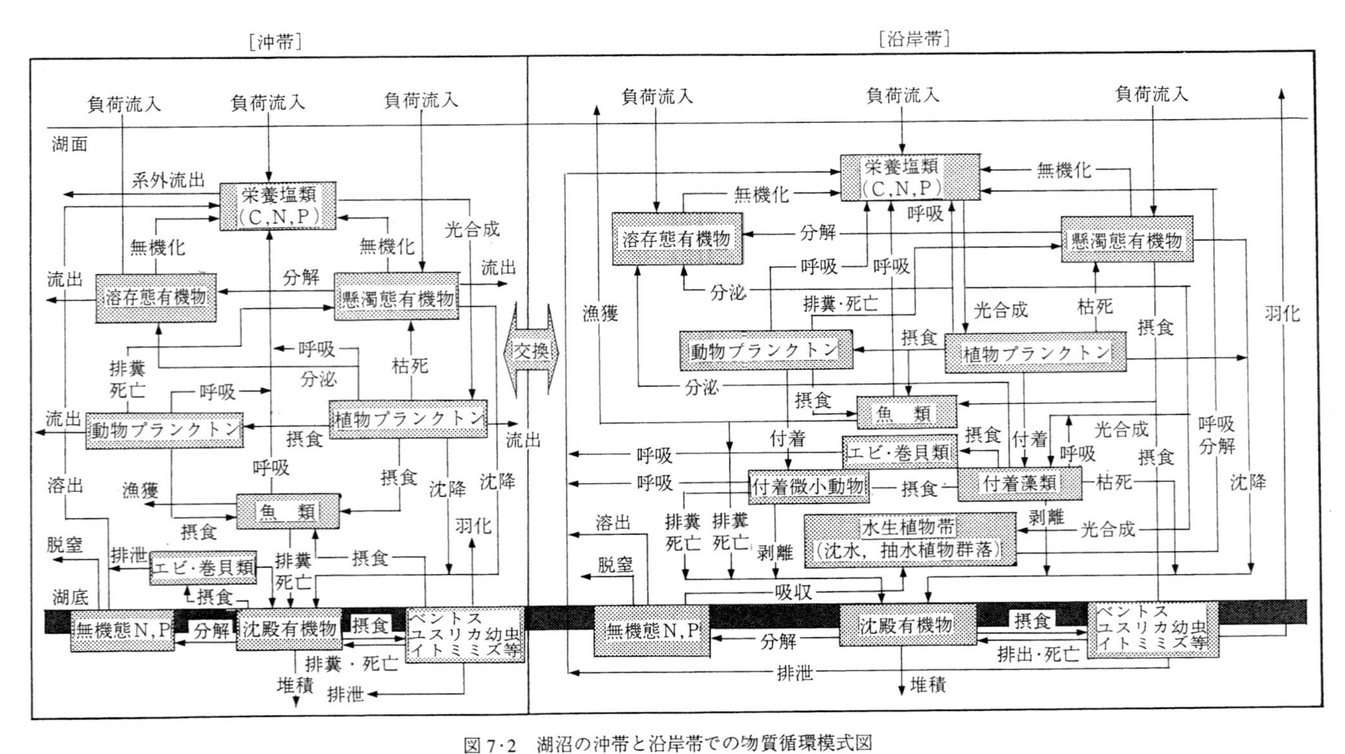


図7・2　湖沼の沖帯と沿岸帯での物質循環模式図
浄化モデルの中で考慮した水生植物帯の浄化要素と季節的な物質循環を含む浄化過程を示している（日本水産資源保護協会[9]）

脱窒機能である．霞ヶ浦と琵琶湖の場合には抽水植物が中心となることから，ヨシの冠水茎が付着生物の基質として扱われている．以下の紹介には沈水植物を中心として扱った諏訪湖を例として述べることとする．

## §2．諏訪湖沿岸域の浄化容量[11)]

諏訪湖全域のエビモ群落の推移を分布面積と現存量についてみると，近年では 1986 年の 300 ha が最大で，1991 年の 85 ha が最小となっている．その後，1992 年には 169 ha，1993 年 256 ha と増加傾向にあるが，その増減は気象条件に左右されて大きく振幅している．現在の諏訪湖で代表的な水生植物はエビモである．しかし，このエビモは本来の諏訪湖での優占種ではなく，富栄養化とともに増加した種である．諏訪地方では，6 月から 7 月にかけて湖底に落ちた殖芽はそのまま休眠し，10 月頃に発芽する．この時期の水温はおよそ 15℃である．その後，12 月頃までゆっくりと伸長し，湖底から 70 cm 程度に達したところで冬を過ごす．そして，4 月頃，水温が 10℃程になると急激に伸長成長を始め，5 月頃には水面にまで達し，多数の分枝を形成しながら，再び殖芽の形成を始める．すなわち，沈水植物として沿岸帯での構造的な役割は時期的に 10 月頃から 8 月にかけてのものとなる．しかし，ササバモなどの他の沈水植物はエビモが枯れ落ちた後まで群落を形成しているので，沈水植物群落全体としては 8 月以降まで，沿岸帯の構造を支え，付着藻類や微小動物群集の基質としての役割を果たしている．

エビモ群落の付着物量は，エビモの密度が高い所で乾燥重量にして 12.7 g / $m^2$ となっている．同じ沈水植物であるササバモの場合には 8.7 g / $m^2$ であり，エビモの方が 2 倍以上多くなっている．これは両者の 1 シュート当たりの葉面積の差によるものである．これらの付着物の成分組成を分析した結果，乾燥重量に対して，炭素 13.5%，窒素 1.90%，リン 0.30%であり，クロロフィル *a* の含量は 0.42%となっていた．これらの数値をもとにして，エビモ群落全体に占める付着物質の各組成での割合を計算すると，炭素では 8.6%に過ぎないが，窒素は 18.1%，リンは 35.0%に相当する量となる．人工基質を用いて測定した付着物の生成速度は乾燥重量で 0.26～2.06 g / $m^2$ / day，平均では 1.24 g / $m^2$ / day と報告されている．この付着物による水中からの窒素，リンの吸収速度は，窒素で 50～100 mg /m$^2$ / day，リンは 9～18 mg /m$^2$ / day の範囲にあり，これは河川のれき面の付着物と同等の速度となっている[12]．

一方，付着物が分解する際の窒素，リンの溶出量は，窒素の場合，好気条件下では 40 日目までに 76％に達し，嫌気密閉条件下では 30～40％程度であった．リンの場合は，好気，嫌気条件ともに 40～50％程度で，それ以上の溶出は窒素の場合と同様に認められない．

付着物の脱窒活性は，硝酸態窒素の添加量 70 μg 付近（濃度にすると 5mg / $l$）で最大の脱窒速度（40 μg / g dry wt / day）が得られている．底泥の脱窒活性の場合は硝酸態窒素 100 μg の添加量で 9～12 μg /g dry wt / day であるが，同じ条件下での付着物の脱窒速度はこれの数倍に相当している．

諏訪湖に生息する二枚貝は，大型の個体を除けば，そのほとんどが沿岸域に生息している．その種類はカラスガイ，ドブガイ，イシガイ，シジミ，ドブシジミであり，シジミは放流されたヤマトシジミである．巻貝としてはタニシ，カワニナが生息し，その生息域は沿岸域である．これらの貝類の全域の現存量はカラスガイ 928 トン，ドブガイ 157 トン，タニシ 294 トン，カワニナ 104 トン，イシガイ 104 トン，シジミ 1 トンである．

魚類は現在の年間の漁獲量が 160 トン前後で推移しているが，そのうちワカサギが 84～98 トンで，全漁獲量の約 60％を占めている．しかし，実際の魚類の現存量の推定はきわめて困難であり，正確な量は分からない．そこで，魚類の重要な餌生物であるユスリカ幼虫とコイの実験結果から諏訪湖湖内に生息する魚類の現存量を推定してみると，全湖でおよそ 500 トンという結果が得られた．

以上の基礎データと物質循環モデルから，諏訪湖の沈水植物群落を主体とする沿岸域での，窒素，リンに関する浄化容量を推定してみた．評価モデルの定式化はこれまでに報告されている生態系モデルと大きく異なる点はない．諏訪湖への流入負荷量は第 2 期の湖沼法に関連して長野県により算定されている．それによると，窒素では年間平均 1,635 kg / day，そのうち沿岸域に直接流入するのは 163 kg / day となる．リンの場合は総負荷量が 225 kg / day で，沿岸域には 21.7 kg / day の流入と見積もられた．降水量，日射量などの気象データについては気象庁諏訪測候所のものを用いており，日負荷量は降雨量に比例配分して算出された．

表 7･1 に示されているように，水生植物帯の現存量からみた浄化量は，総量にして炭素では 2,996 kg，窒素 542 kg，リン 45.7 kg となった．これらの量は沖合に比べるとそれぞれ 1/6，1/7，1/5 であり，水量，面積の大きい沖合より沿岸域では当然小さいことになる．しかし，単位面積当たりで比較すると，沿岸の水生植物帯は炭素 1.4 倍，窒素 1.2 倍，リン 1.8 倍になる．内容で比較すると，炭素では当然水生植物体の比率が大きく，その分，魚介類の占める割合が小さくなっている．窒素では水生植物体と付着藻類の占める割合が大きくなり，リンでも同様である（図 7･3）．

表7･1　浄化要素の現存量でみた諏訪湖の浄化力（日本水産資源保護協会[9]）

| 現存量 | 炭素 C | | 窒素 N | | リン P | |
|---|---|---|---|---|---|---|
| 浄化要素 | kg | mg/m² | kg | mg/m² | kg | mg/m² |
| ［沿岸帯］ | | | | | | |
| 沈水植物葉体 | 1057 | 789 | 74 | 55 | 16.4 | 12.2 |
| 沈水植物付着藻類 | 257 | 192 | 98 | 73 | 16.0 | 11.9 |
| 同　付着微小動物 | 23 | 17 | 3 | 2 | 0.2 | 0.2 |
| マクロベントス | 1372 | 1024 | 316 | 236 | 5.2 | 3.9 |
| 魚介類 | 287 | 214 | 51 | 38 | 7.9 | 5.9 |
| 合　計 | 2996 | 2236 | 542 | 404 | 45.7 | 34.1 |
| ［沖帯］ | | | | | | |
| マクロベントス | 12290 | 1024 | 2830 | 236 | 46.7 | 3.9 |
| 魚介類 | 6400 | 533 | 1130 | 94 | 176.3 | 14.7 |
| 合　計 | 18690 | 1557 | 3960 | 330 | 223.0 | 18.6 |

表 7･2 は物質の移動量でみた場合の浄化力を比較したものである．現存量の場合と同様に，1 日間の総量で沖合と水生植物帯を比較すれば沖合の方が大きく，炭素では沖合のおよそ 1/6，窒素 1/7，リン 1/3 であり，現存量の場合と若干異なるのはリンの比率となっている．これも単位面積当たりの移動量として比較すると，図 7･4 のようになり，炭素での 1.6 倍，窒素 1.4 倍に比較してリンは 2.6 倍となり，沿岸でのリンに対する浄化力がきわめて高いことが知られる．窒素については湖底泥表層での脱窒が沿岸，沖合ともに浄化力の重要な機能の一つである．リン，窒素の総合的浄化力増加の要因は付着藻類による光合成に関係する移動量であり，水生植物帯での付着微生物の働きが水質浄化に

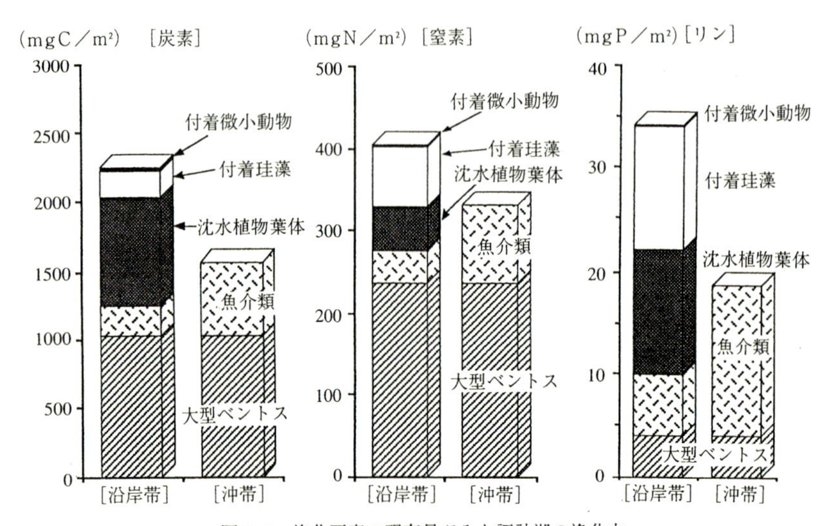


図 7·3　浄化要素の現存量でみた諏訪湖の浄化力
単位面積当たりの現存量で沿岸沈水植物帯と沖帯を比較している(日本水産資源保護協会[9])

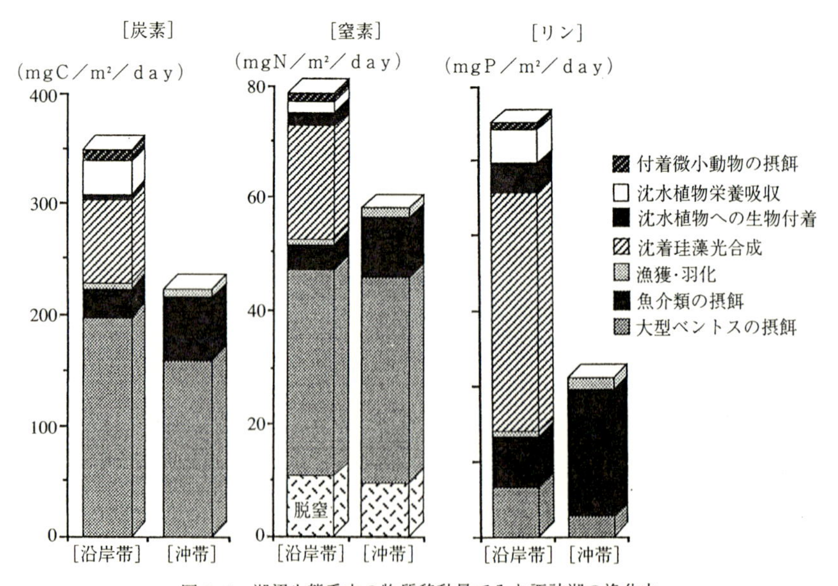


図 7·4　湖沼生態系内の物質移動量でみた諏訪湖の浄化力
単位面積当たりの物質浄化量で沿岸沈水植物帯と沖帯を比較している(日本水産資源保護協会[9])

大きく寄与していることが分かる．

一方，現状の湖外からの負荷量はまだまだ大きく，現在の水生植物帯で浄化される量は，流入負荷量に対して炭素 15.5%，窒素 19.4%，リン 16.1%に過

表7･2 物質の移動量（フラックス）でみた諏訪湖の浄化力（日本水産資源保護協会[9]）

| 浄化量 | 炭素C | | 窒素N | | リンP | |
|---|---|---|---|---|---|---|
| 浄化プロセス | kg/day | mg/m²/day | kg/day | mg/m²/day | kg/day | mg/m²/day |
| ［沿岸帯］ | | | | | | |
| 付着藻類 | | | | | | |
| 光合成（栄養吸収） | 99.5 | 74.3 | 26.8 | 20.0 | 4.22 | 3.15 |
| 沈水植物 | | | | | | |
| 浮遊藻類の付着 | 6.1 | 4.6 | 3.3 | 2.5 | 0.50 | 0.37 |
| 浮遊微小動物の付着 | 0.6 | 0.4 | 0.1 | 0.1 | 0.01 | 0.01 |
| 葉体の栄養吸収 | 39.5 | 29.5 | 2.8 | 2.1 | 0.61 | 0.46 |
| 付着微小動物の摂餌 | 16.2 | 12.1 | 1.9 | 1.4 | 0.14 | 0.10 |
| マクロベントス | | | | | | |
| 摂餌 | 262.1 | 195.6 | 48.3 | 36.1 | 0.88 | 0.66 |
| ユスリカの羽化 | 4.0 | 2.9 | 0.9 | 0.7 | 0.02 | 0.01 |
| 魚介類 | | | | | | |
| 摂餌 | 35.6 | 26.6 | 6.2 | 4.6 | 0.90 | 0.67 |
| 漁獲 | 2.9 | 2.2 | 0.5 | 0.4 | 0.08 | 0.06 |
| 湖泥 | | | | | | |
| 脱窒 | — | — | 14.3 | 10.7 | — | — |
| 合　計 | 466.5 | 348.1 | 105.1 | 78.5 | 7.36 | 5.49 |
| ［沖合］ | | | | | | |
| マクロベントス | | | | | | |
| 摂餌 | 1897 | 158.1 | 437 | 36.1 | 3.1 | 0.26 |
| ユスリカの羽化 | 35 | 2.9 | 9 | 0.7 | 0.1 | 0.01 |
| 魚介類 | | | | | | |
| 摂餌 | 663 | 55.2 | 130 | 10.8 | 20.1 | 1.68 |
| 漁獲 | 64 | 5.3 | 11 | 0.9 | 1.7 | 0.15 |
| 湖泥 | | | | | | |
| 脱窒 | — | — | 113 | 9.4 | — | — |
| 合　計 | 2659 | 221.5 | 700 | 58.0 | 25.0 | 2.10 |

ぎない．しかし，現在の水生植物帯の面積は 134 ha と見積もられており，これが諏訪湖で最大の水生植物帯の面積である 360 ha にまで回復されれば，およそ 2.7 倍程度の浄化力となり，下水道整備とその他の施策による流入負荷の

減少と同調して大きな浄化効果を期待できると予想される.

諏訪湖の場合は沈水植物を想定して浄化力の算定を行っているが，エビモなどの沈水植物の現存量は抽水植物のヨシに比較するときわめて少ない量でしかない．霞ヶ浦，琵琶湖の場合は沿岸にヨシ帯形成の可能性は十分あり，その浄化力も大きいことが算定されている．3 つの生活型の水生植物が 3 点セットで沿岸に復活すれば諏訪湖の場合にも自然力による水質浄化が十分期待され，目標とする水質のレベルに近づける可能性が高くなることは明らかである.

## §3．諏訪湖湖畔の再自然化計画[13)]

前節で述べたように，沿岸の水生植物帯には水族の再生産の場の価値と同時に水質浄化力を期待できることが示された．諏訪湖でも沿岸を修復することで，湖沼の自然浄化力が回復できれば，住民が期待している「泳げる諏訪湖」も夢ではない．そこで，1990 年頃より，人工化され，コンクリート護岸で取り巻かれた諏訪湖の湖畔を再改修する試みが行われるようになった.

その一環として，ヨシを用いた水質浄化実験が諏訪湖湖畔に長野県によって造成された実験圃場で行われてきた．およそ 3,500 m$^2$ の敷地に，幅 2.5 m の水路を巡らし，水路総延長およそ 1,500 m の実験圃場が造成されている．底部はビニールシートで被い，その上には 60 cm の厚さに泥が入れられている．使用している泥は，諏訪湖の浚渫土，砂，畑土の混合したもので，その混合割合は 4：3：3 になっている．ヨシは諏訪湖流入河川中最大の上川の河川敷に自生していたものを春先に採取，茎植えしたもので，植栽間隔は 30 cm，1 か所に 3 本の茎を植えている.

使用している水は諏訪湖湖水であるが，武井田川という流入河川の河口部で，毎分 250 *l* が実験圃場に，取水ポンプで取り込まれている．水深は，当初の計画では 15 cm 程度を予定していたが，実際には 20～30 cm となっている．流入水がこの水路を通過する時間を塩を投入して測定した結果，水の交換日数は 2～3 日となっていた.

ヨシを植栽した年はヨシの活着が悪く浄化効果を云々できる結果は得られなかったが，翌年（1994 年）と翌々年（1995 年）には予想以上の実験結果が得られている．表 7·3 に 2 年間の結果をまとめて示してある．水質の測定は 3

月から 12 月まで，10 日間隔で行われている．これでみると，ヨシ原での浄化の実態は，流入した水中の固形物（懸濁物質）が濾過，沈殿することで除去される部分が多いことが分かる．SS についてみれば明らかなように，流入後約 500 m 程度で，流入した SS のおよそ 50%が除去され，1,000 m では 80%程度が除去されている．この固形物の内容は流入水が諏訪湖湖水であることから，そのほとんどが湖内の植物プランクトンであることがクロロフィル *a* 量の変化から知ることができる．

表 7·3　諏訪湖湖畔のヨシ原実験圃場での水質浄化力
3 月から 12 月まで，10 日間隔で測定された数値を積算したもので，流入に対する見掛上の除去率（%）で示されている．

| 流下距離 | | 0m | 500m | 1,000m | 1,500m |
|---|---|---|---|---|---|
| 水質項目 | 年度 | | | | |
| SS | 1994 | 100 | 52.2 | 80.2 | 82.8 |
| | 1995 | 100 | 55.2 | 76.9 | 80.7 |
| Chl.－*a* | 1994 | 100 | 77.3 | 89.7 | 92.5 |
| | 1995 | 100 | 61.6 | 80.0 | 96.6 |
| 全 COD | 1994 | 100 | 35.9 | 52.2 | 57.2 |
| | 1995 | 100 | 46.8 | 51.0 | 52.7 |
| 溶存 COD | 1994 | 100 | 2.3 | −9.0 | −11.4 |
| | 1995 | 100 | 6.2 | −0.1 | −2.2 |
| 全窒素 | 1994 | 100 | 50.5 | 63.4 | 70.2 |
| | 1995 | 100 | 41.3 | 66.2 | 73.6 |
| $NO_3$-N | 1994 | 100 | 31.6 | 56.5 | 66.7 |
| | 1995 | 100 | 32.1 | 78.7 | 88.3 |
| 全リン | 1994 | 100 | 52.6 | 61.9 | 69.8 |
| | 1995 | 100 | 53.6 | 59.1 | 65.3 |
| 溶存リン | 1994 | 100 | 15.8 | 4.0 | 12.2 |
| | 1995 | 100 | 14.8 | 16.9 | 30.1 |

COD についてみると，最初の 500 m では 40%，1,500 m でも 50～60%程度の除去率でしかない．その理由は溶存の COD 物質がヨシ原を通過する際に溶出するためで，硝酸態窒素を除く溶存の各成分は見かけ上の浄化率が悪いか，マイナスという結果となっている．全リンの場合にもこれは当てはまり，COD

の場合と同様に，最初の 500 m で 50％強の浄化率であり，1,500 m 地点では COD の場合よりややよい 70％に近い値が得られた．しかし，溶存のリンの見かけ上の浄化率は低くなっている．

もっとも効果的に浄化されているのは硝酸態窒素で，ヨシ原が安定した 1995 年の結果では 1,500 m 地点で流入時の 88.3％が除去されており，その除去効果は 500 m 以降で高くなっている．これは水中の酸素条件によるもので，最初の 500 m では十分な溶存酸素量があり，脱窒作用が働きにくい条件となっているためである．

以上の結果は，測定期間中全体の見かけ上の除去率を述べたものであるが，夏季には 500～1,000 m の間で硝酸態窒素はイオンクロマトグラフィーの測定限界以下にまで減少し，窒素成分のうちで農耕地から流出する硝酸態窒素の除去にヨシ原が有効に寄与していることが分かる[11]．

以上の結果や社会的な水辺への関心の高まりを受けて諏訪湖の湖畔再自然化の動きが活発になり，1990 年以降湖畔の 5 か所で実験的な人工渚の造成が行われてきた．当初は湖畔の景観のみを意識した改修という傾向にあったが，次第に湖水側の生物にも配慮した構造へと意識改革が行われつつある．1990 年から始まったこれらの試験的な試みの結果は，住民からの評価も好意的で，設計の良否について自然面からの追跡調査も行われている．そして，1994 年には住民を含めた検討委員会により，湖岸の再生計画が検討され，具体的な設計が提示される段階となっている．

長野県諏訪建設事務所を中心として行われた検討委員会で提示された計画の基本的な課題は次のような内容のものである[13]．

① 残存する自然環境を保全し，さらに復元，豊かにする．

② エゴ（諏訪地方での入江状の水生植物帯の呼称）などの諏訪湖の原風景を参考として，多様な自然環境を復元，創出する．

③ 人間と他の生物の利用の面での棲み分けにより，生物の生息環境を復元する．

④ 場の環境特性に応じた，多様性のある自然環境を復元する．

⑤ 水質浄化の促進．

目標とする諏訪湖の原風景は，現在の住民が記憶している範囲で，多様な生物が豊かに生息し，水質も比較的良好であった昭和 30 年頃としている．しかし，単に昔に戻すだけでは，諏訪湖の生態系の修復という課題は解決しない．そこで，現代の情勢に立って，「新たな諏訪湖の風景・自然，そして文化を育む湖畔づくり」を基本理念として，諏訪湖湖畔の修復計画が実施されることになり，1995 年末より実際に工事が始められている．

諏訪湖を統一した計画のもとで修復するためのゾーニングに際して，各ゾーンごとにテーマが設定された．当初これらのテーマには人間の一方的な利用を前面に出した，人間本位のものがほとんどを占めていた．これらの弊害を除くために，討論の過程で水域の生物に配慮したテーマに変更されたゾーンも生まれている．しかし，水生植物の必要性は理解されるようになっても，そこに生活する水中の生物にまで目を向けるまでには至っていないのが現状である．

図 7·5 に検討委員会に提示された湖畔設計の一例として，1995 年度から工

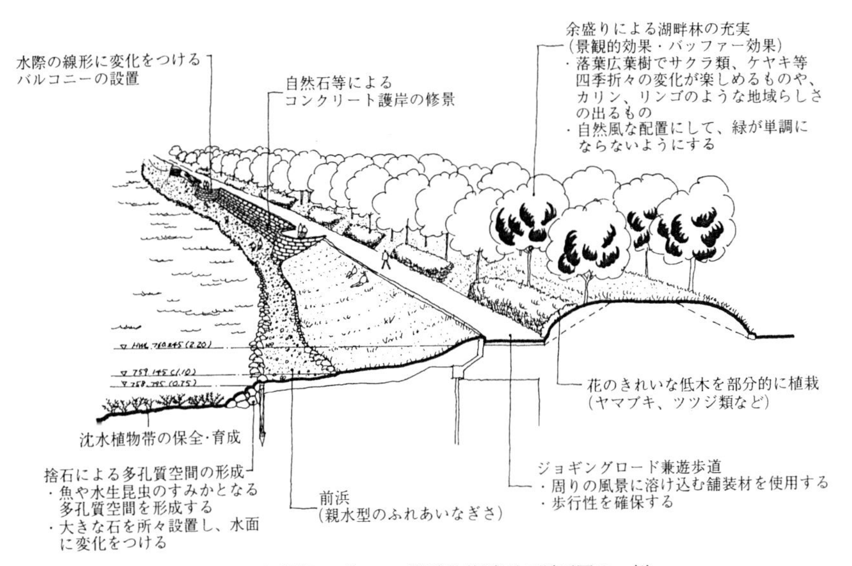


図 7·5　諏訪湖 A ゾーンの湖畔改修計画の断面図の一例
水中の水生植物帯は造成するわけではないが，成育可能な地形的配慮がされている（長野県諏訪建設事務所[13]）

事が進行しているゾーンについての湖畔修復計画断面図を示した．特徴は湖側に沈水植物帯の再生を配慮している点であり，これまでの湖畔計画にはなかっ

たものである．具体的にどのようなものができるかはこれからの課題となっている．

このゾーンは諏訪湖の中でもっとも都市化されている上諏訪側の湖畔である．その中心には都市型の湖畔公園がすでにあり，旅館街の前面に位置する観光の拠点地域でもある．この地域の両側に自然との触れあいを意識した湖畔を再生することが課題の一つともなっている．

この計画では，水辺の多様性と水中の生物の生活の場が復活できるような工夫が造成工事に要求されることになり，これまでのコンクリート護岸の工事に比べると実際の工事者にとって神経を使うものとなる．問題は，人間があまりにも作りすぎないことであり，自然修復が可能な条件づくりをすることで，最終的には自然の力に任せる，といった姿勢が大切と考えている．

望ましい水辺とは，中身の整っている景観で表現されているものであり，そこに生息する生物の再生産の場が確保されていることが必要である．同時に陸域と水域をつなぐ場として，連続性のある生物の生活空間が存在していることが大切である[14]．

## 文　献


1）沖野外輝夫：環境と公害　22（2），2-8（1993）．

2）沖野外輝夫：信州大学環境科学論集　7，12-17（1985）．

3）沖野外輝夫：諏訪湖―ミクロコスモスの生物―，八坂書房，1990，204p.

4）桜井善雄ら：湖沼沿岸帯における水生植物の役割と湖沼環境保全に対する評価と課題，環境科学 B341-R02-2，閉鎖性水域の浄化容量，184-213（1988）．

5）倉沢秀夫・沖野外輝夫：信州大学環境科学論集，5，1-15（1983）．

6）中野治房：植物学雑誌　28，65-74，127-132（1914）．

7）倉沢秀夫ら：臨海臨湖実験所周辺の生物相および主要実験生物に関する研究　3，57-72（1978）．

8）長野県水産試験場諏訪支場：平成 6 年度赤潮対策技術開発試験報告書　1995，93p.

9）日本水産資源保護協会：平成 6 年度赤潮対策技術開発試験報告書（湖沼沿岸帯浄化機能改善技術開発），1995，140p.

10）沖野外輝夫：汚染物質の水域内物質循環過程　湖沼汚染の診断と対策（服部明彦編），日刊工業新聞社，1988，107-152.

11）沖野外輝夫ら：信州大学環境科学論集　18，57-67（1996）．

12）酒井康彦：信州大学大学院繊維学研究科修士論文，1993.

13）長野県諏訪建設事務所：諏訪湖の水辺整備マスタープラン，1995，52p.

14）沖野外輝夫：人口集中域における望ましい自然・緑地生態系の維持管理，「人間地球系」研究報告集，B008-EK23-18，40-50（1996）．

# 8. 干潟における生物機能の効率化

鈴木輝明*[1]・青山裕晃*[1]・畑　恭子*[2]

富栄養化による赤潮，貧酸素水塊の発生は，水産資源の再生産や漁場形成に大きな影響を与えており，その修復の必要性と緊急性は論を待たない．しかし，その修復のエリアは規模的にも大きく，時として湾スケールの物質収支を改善することが必要となる．したがって，修復の効果と費用を十分に把握し，実現性ある具体的な形で提起することが重要である．本章のテーマでもある生物的環境修復を含めて，実現可能性の検討なしに人工的環境修復技術の有効性を誇張することは，あまりにも技術至上主義的であり，時として漁業者に幻想と失望をもたらし，漁業への意欲をそぐことにもなりかねない．従来の環境研究にはこのような技術至上主義的傾向がないともいえず，十分留意して検討する必要がある．

効果的な改善策を提案するには，まず富栄養化水準の歴史的経過の解析からその原因を浮き彫りにすることが必要であろう．これを怠ったり，省いてしまうと，原因を曖昧にしてしまい，その場限りの対症療法的治療によって事態をこじらせてしまう．

富栄養化の最良の改善策が負荷の削減であることはいうまでもないが，その努力と並行して水産として何をなすべきかという視点に立って人工干潟造成の効果やその進め方について検討したい．対象としたのは富栄養化が深刻化している三河湾である．

## §1．三河湾における富栄養化の過程

石田・原[1]は伊勢湾・三河湾における長期の水質変動を解析した．三河湾は北西部の知多湾と東部の渥美湾からなっており，これらの透明度は1955年頃から1970年頃にかけて急速に悪化しており（図8·1），これは流入負荷の経年

*[1] 愛知県水産試験場
*[2]（株）新日本気象海洋

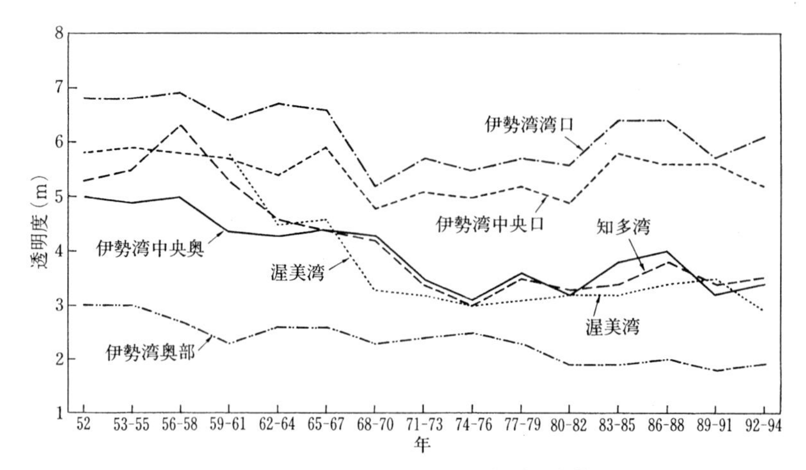


図 8･1　伊勢・三河湾における透明度の変動[1)]

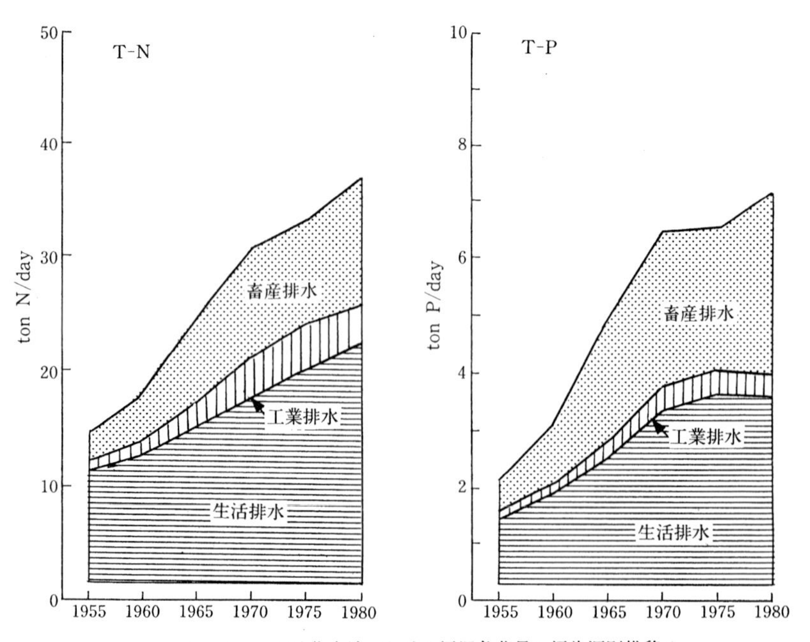


図 8･2　三河湾集水域における汚濁負荷量の汚染源別推移[2)]

変化[2]（図 8・2）と一致している．しかし，赤潮の発生が問題になりはじめたのは，その後暫く経過した 1975 年以降であり，赤潮発生延日数の推移（図 8・3）をみても 1977 年から急増している．貧酸素水塊の発生もこの赤潮発生と連動して 1974 年頃から長期化，広域化し（図 8・4），主力漁業である小型底曳網に深刻な影響が出始めた．貧酸素水塊の湧昇現象である苦潮が極沿岸域の貝類漁場に影響を与え始めたのも 1974 年頃からである．貧酸素水塊の発生は湾外底層水の流入による酸素供給の程度によって年変動が大きく，1989 年から 5 年間ほどはやや鎮静化したかにみえたが，その後再び深刻化し，現在に至っている．

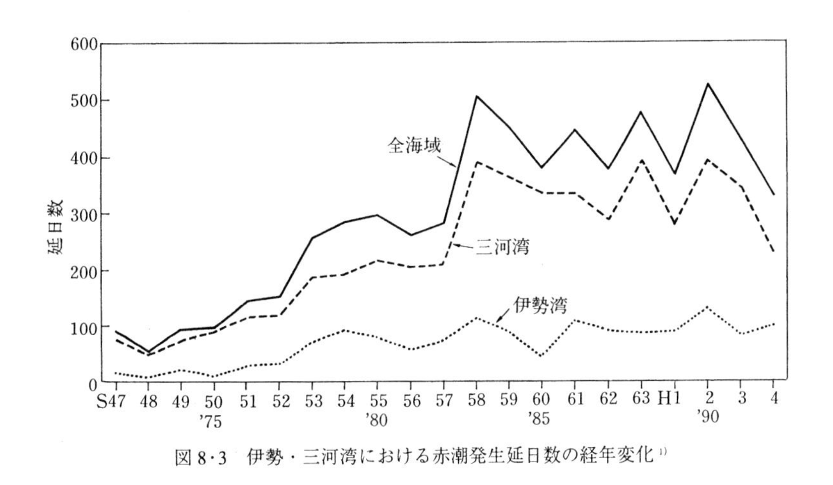


図 8・3　伊勢・三河湾における赤潮発生延日数の経年変化[1]

このように，三河湾の富栄養化は歴史的に見ると，流入負荷の増加による透明度の低下が起こった富栄養化第Ⅰ期（1955～1970）と赤潮，貧酸素，苦潮といった形で漁業被害が顕著になった富栄養化第Ⅱ期（1975～）とに分離できる．問題はこの第Ⅰ期と第Ⅱ期との間に流入負荷の増加以外に富栄養化現象をより深刻化させた別の要因があったのではないかという点にある．このことは別の報告からも指摘できる．

蔵本・中田[3]は底層の DO 濃度変化と負荷削減率の関係を求める数値実験を行い，三河湾では多毛類の再生産を保証する最低限度である 2 m$l$/$l$ を維持するためには 1983 年夏季負荷量から 39％削減，二枚貝を含めた大型底生生物の

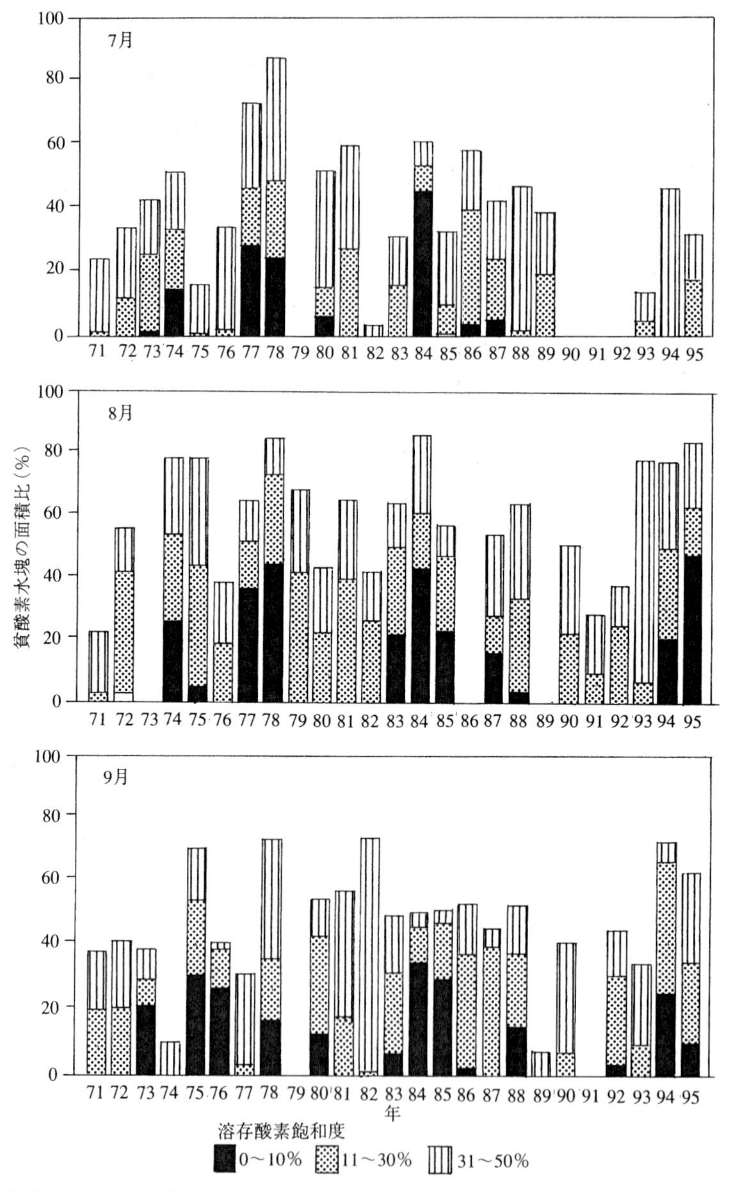


三河湾は，水深 5 m 以深および羽豆岬 — 篠島（南風ヶ埼）— 伊良湖岬を結ぶ線より内側とする（406.8 $km^2$）．ただし，衣浦港防波堤内は除く

図 8・4　三河湾における貧酸素水塊発生規模の経年変化[1]

生活を維持するために必要な 3 m$l$/$l$ を回復するには 80％削減が必要となると試算し，大阪湾，東京湾以上に負荷削減率が高い必要があると報告している．しかし負荷や水質の経年変化からみれば，実際にはこれ以下の負荷削減でも 1970 年の水準（富栄養化第Ⅰ期）に戻し，赤潮，貧酸素水塊，苦潮の発生を大幅に低下させることができる．この相違は負荷以外の要素も貧酸素水塊の発生に関与している可能性を示している．

石田・原[1]は三河湾東部の渥美湾海域における沿岸埋め立ての進行時期（1970 年代で約 1,200 ha）と赤潮の急増，貧酸素水塊の規模拡大が同時期であり，埋め立てによる干潟域の喪失が富栄養化の状況を悪化させたと推測している．数値シミュレーションと実態との相違も埋め立てによって喪失した干潟を含めた浅場（干潟域）の水質浄化機能の役割が伊勢・三河湾においては他海域以上に高く，湾の物質循環により大きな役割を果たしていたからではないかと筆者は推測する．では果たして，この推測どおり，埋め立てによって湾の物質循環を歪めるほどの浄化機能が失われたのであろうか．このことを明確にすることが干潟の保全や人工干潟の造成による生物的環境修復が三河湾再生の有効な手法であるかを判断する重要な手がかりとなる．

## §2．干潟の水質浄化機能

### 2･1 浄化機能の定義

漁業に影響が大きい貧酸素水塊の発生を抑制するには直接的，間接的に水中懸濁物濃度を低下させることが必要であり，このために干潟域における物質循環のどの過程が重要であるのか整理し，ここでの水質浄化機能を定義する．

干潟域における水質浄化機能は下水処理施設と類似させれば 2 つに整理される．一つは①濾過食性マクロベントスによる海水中の有機懸濁物の直接除去，②堆積物食性マクロベントス，メイオベントス，バクテリアの摂食・分解による底泥有機物の海水への再懸濁の防止，といった二次処理的機能であり，もう一つは③脱窒，④漁獲による取り上げ，⑤鳥などによる搬出，といった三次処理的機能である．⑥大型藻（草）類による栄養塩取り込みと干潟上への一時的貯留もこれに含められる．このことは換言すれば，二次処理的機能は干潟域とその沖合域との窒素収支で評価した場合，干潟域に流入もしくは干潟上で生産された PON（懸濁態有機窒素）が干潟域で直接消失することであり，三次処理的機能は PON に DTN（溶存態総窒素）を加えた TN（総窒素）が干潟上で消失することによって間接的に植物プランクトン生産を低下させることである．自然干潟での物質収支をみてみよう．

### 2・2　自然干潟（三河湾一色干潟）における窒素収支

三河湾北部に位置する一色干潟は 1 級河川である矢作古川の河口に発達した

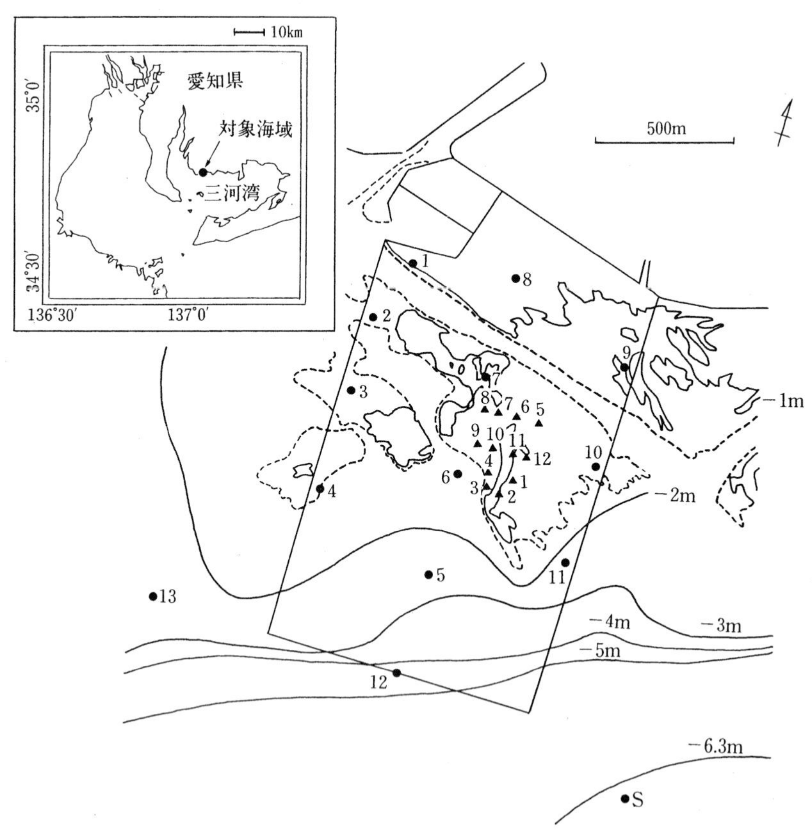


図 8・5　干潟における物質収支の調査対象海域

干潟であり，約 10 km² の広さを有する三河湾に現存する最大の干潟である．

調査は一色干潟西部の衣崎地先海域（図 8·5）で行った．方法や結果の詳細については本報告[4, 5]を参照願うとし，概略を以下に述べる．

**2·2·1　干潟域の水質分布の特徴**　図 8·6 のクロロフィル *a*，フェオフィチン，PON，DTN の水平分布例からみると沖から干潟に潮が満る過程で，沖合の豊富な有機懸濁物が干潟上で急激に減少し，フェオフィチン，DTN に転換している様子が顕著であり，干潟沖合での水温，塩分，クロロフィル量の鉛直分布からも，満潮時にクロロフィルが干潟上で減少し，干潮時にはクロロフィルを殆ど含まない水塊が沖合に流出していることが観測された．

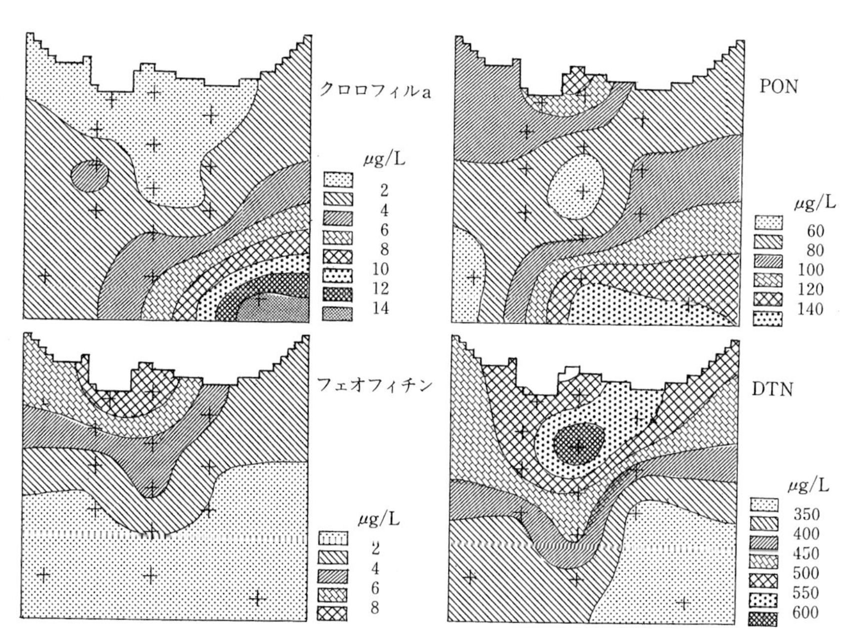


図 8·6　干潟域におけるクロロフィル *a*，フェオフィチン，PON，DTN の水平分布例（1994 年 6 月 22 日満潮時）

**2·2·2　干潟における物質収支**　水質分布の時間的変化から，図 8·5 の実線で囲んだ範囲における物質（クロロフィル *a*，PON，DTN）の 1 日当たりの収支を計算した結果が図 8·7 である．

クロロフィル a は沖合からの移流，拡散による純流入量（27.6 kg / day）の92％にあたる 25.4 kg / day（0.65 mg / m² / h）が干潟上で消失し，同様に PON も流入負荷も含む純流入量（164 kgN / day）と殆ど同じ量の 165 kgN / day

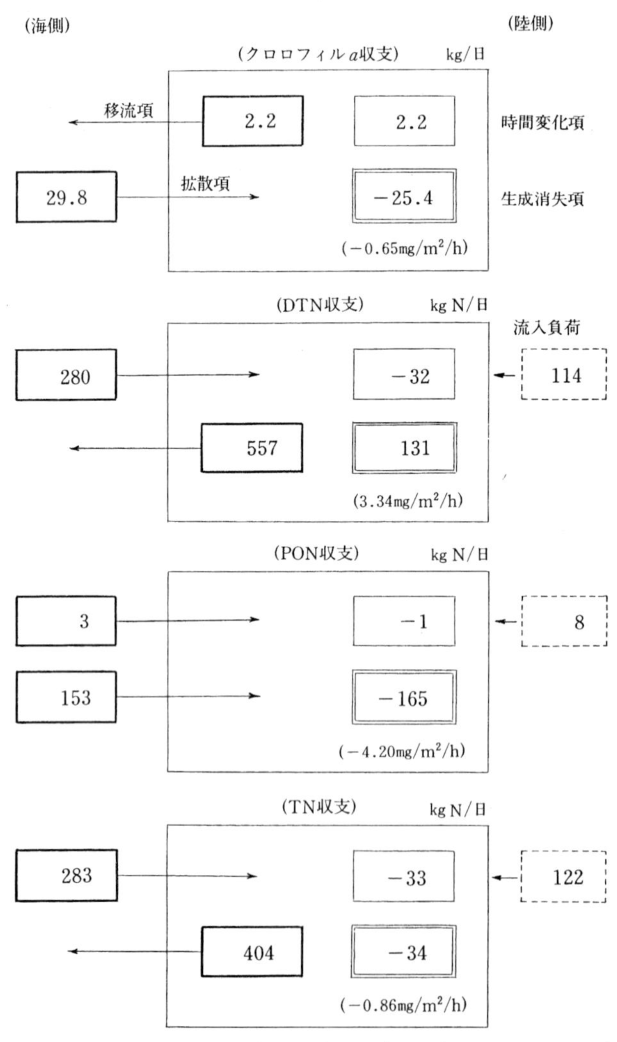


図 8·7　対象干潟（1.65 km²）の夏季 1 日（1994 年 6 月 22 日〜23 日）当たりのクロロフィル a，DTN，PON，TN 収支

（4.20 mg / m² / h）が干潟上で消失する結果となっている．DTN は逆に干潟上で 131 kgN / day（3.34 mg / m² / h）が生成しており，TN では 34 kgN / day（0.86 mg / m² / h）が消失する．

このように水質の水平・鉛直分布および物質収支計算のいずれからも干潟上でクロロフィル *a*，PON 濃度に代表される有機懸濁物が顕著に減少することが確認された．

**2･2･3　懸濁物除去速度の直接測定**　同時期に透明アクリルチャンバー（内容量 60 *l*）を干潟に設置し，単位面積当たりの懸濁物除去速度を直接測定した結果[4]によると，懸濁物除去速度はチャンバー内マクロベントス量に比例し，干潟のマクロベントス平均現存量で計算すると干潟全域では 350 kgN / 1.65 km² / day と計算された．この結果から，摂餌量に対する糞，擬糞の排出率を 56％[6]とし，限界掃流速度の計算と平均境界断面流速からこれらの再懸濁率を 90％と推測して，摂餌量の 49.6％に当たる 174 kgN / 1.65 km² / day を実質的な有機懸濁物除去量と推測した．この値は，物質収支で求めた PON 消失速度 165 gN / 1.65 km² / day と一致することから，沖側から干潟上に輸送された植物プランクトンを中心とした懸濁態有機物の除去は，濾過食性マクロベントスの活発な濾過摂食により行われることが明らかとなり，生物の捕食過程で生成するフェオフィチン濃度が干潟上で高いこと，干潟上で DTN の生成があることなどもこの結果を支持している．

**2･2･4　干潟における海水濾過速度の物理的評価**　干潟域のマクロベントスによる海水濾過速度を，懸濁物の排出能力という視点で，三河湾の物理的な海水交換速度と対比してみよう．

三河湾の成層期は密度流循環が卓越し，湾口下層から流入した海水は約 22 日で湾外へ流出すると計算されている[7]．一方，透明アクリルチャンバー実験により，干潟単位面積当たりの海水濾過速度は，3.4 m³ / m² / day と求められた．ちなみに佐々木[8]はこれより高い 5 m³ / m² / day という値を求めている．一色干潟を約 10 km² とし，三河湾の全海水容量 5 km³ を単純にこの値で割ると 147 日となり，一色干潟だけで成層期の海水交換速度の 15％に相当する値となり，三河湾の全干潟（13.7 km²）では 21％と推測される．埋め立て以前の三河湾における干潟面積（26 km²）で計算すると 56 日となり，海水交換速度の 39％

にも相当する大きな値となる．有機懸濁物を多く含む密度躍層以浅の海水容量で計算すればその値も 2 倍程度に大きくなり，物理的海水交換速度に匹敵する値となる．干潟以外の沿岸域や沖合部でのマクロベントス現存量も考慮に入れれば，さらにこの値を大きく上回るであろう．

このことは見方を変えれば，干潟域の喪失によって，三河湾の懸濁物の排出機能が低く見積もっても 18％程度喪失したともいえる．さらに，現在，貧酸素水塊の発達により，密度躍層以深のマクロベントス相が貧弱になっていることを考えれば，過去と現在の底生生物による海水濾過速度の差はさらに大きい．

現在，三河湾の富栄養化を物理的に解消するため，各種の浄化構想が提案されている．渥美半島にパイプラインを掘り，清浄な外海水を導入する案[9]はその一例であり，この構想では用地買収費用を含まないで 1,520～1,750 億円と試算されている．この水質改善効果はシミュレーションによって試算されているが，想定される事業の規模に対してその効果はあまり顕著ではない．またこのような大規模な土木工事は大量の土砂を発生させるなど別の環境問題を発生させる危惧もある．物理的手法によって海水交換速度を 20％程度高めることは極めて困難であると考えられ，干潟の保全はもちろん，積極的な造成よって懸濁物の除去能を内部的に高めることが歴史的経緯から見ても，より現実的な選択ではないだろうか．

では次に，人工干潟造成による水質浄化効果が必要な投資に対してどの程度のものなのかを試算してみよう．

**2･2･5　懸濁物除去能力の経済的評価**　　今回対象とした干潟（1.65 $km^2$）のもつ懸濁物除去能力を 163 kgN / day とした時の，一色干潟全体（10 $km^2$）での懸濁物除去能力（約 988 kgN / day）と，標準活性汚泥法による下水道処理施設との比較を試みた結果[4]がある．これによると日最大処理水量 75.8 千トン，計画処理人口 10 万人，処理対象面積 25.3 $km^2$ 程度の下水処理施設に相当することとなり，最終処理施設の建設費が 122.1 億円，同維持管理費 5.7 億円と試算された．さらに，下水道施設としては，用地費，管きょ費，ポンプ施設，同維持管理費が必要になる．これらを費用換算するには様々な仮定を置かなければならないが，埋め立て地に建設し，管きょ費単価を 0.28 億円／ha とすると総額 878.2 億円と試算された．

対比として，干潟造成に要する費用の 1 例を同じ三河湾で紹介すると，昭和 59～63 年度に約 5.3 億円で造成されたアサリ増殖場がある．水深が約＋50 cm（D.L.）程度のフラットな干潟であり，面積は約 68 ha，年間漁獲（平成元年度）は 1,200 トン，2.6 億円と推定[10]されている．造成費は造成条件，工法などにより大きく異なるので注意が必要だが，仮に一色干潟（10 $km^2$）をこの造成単価で造成できるとすると 77.9 億円となり，干潟造成は下水道施設建設の 1/11 の費用で収まることになる．また，下水道施設は維持管理の費用が必要であるが，干潟からは，逆に漁獲などによる収益が見込まれることも忘れてはならない．さらに漁獲は海域からの栄養物質の除去であり，三次処理機能に相当することも考慮すると，水質浄化を目的とした干潟造成事業は経済的に見ても有効な投資であることが指摘できる．

**2･2･6　干潟の水質浄化機能の変質**　次に，三次処理機能の面から干潟を見てみよう．図 8･7 では PON 収支が 4.2 mg / $m^2$ / h の消失に対し，DTN 収支は 3.3 mg/$m^2$/h の生成で，差引 0.9 mg/$m^2$/h の消失となり，TN 収支でも，干潟は僅かではあるが sink であるという結果となった．しかし，この値は 1984 年に同じ一色干潟で測定された結果[8]とはかなり異なるものであった（図 8･8）．簡潔にいえば 10 年前に比べ二次処理機能である懸濁物除去能力は向上（－1.4 mg/$m^2$/h→－4.2 mg/$m^2$/h）したものの，三次処理能力である総窒素除去能力は大きく低下（－7.4 mg/$m^2$/h→－0.9 mg/$m^2$/h）しており，これは溶存態窒素の除去能力が－6.0 mg/$m^2$/h から逆に＋3.3 mg/$m^2$/h の生成になったことに起因している．

表 8･1 は干潟における各種生物の現存量を窒素量に換算し対比したものである．

1994 年 6 月の全生物現存量は平均 9.9 gN / $m^2$ であり，その内訳はマクロベントスが多く，全体の 65％を占めた．また，マクロベントスの食性別内訳では，アサリなどの濾過性食者が最も多く，その 79％を占めている．このマクロベントス現存量は 1993 年 5 月に測定した結果とほぼ一致しており，この干潟の現在の代表値とみてよいだろう．

10 年前の 1984 年当時との主な相違点としては①マクロベントス現存量が 1.6 倍に増加し，特にアサリは 4 倍になっている．②付着藻類が大幅に増加している．③大型藻（草）類がそれぞれ 4%，9%程度に減少している．といった 3 点があげられる．ちなみに一色干潟を利用する 2 漁業協同組合（衣崎漁協，吉田漁協）の貝類漁獲量も 1.6 倍程度に上昇している．二次処理機能が高まった理由としては①，および間接的に②の要因が考えられ，三次処理機能が低下した理由としては，③の要因が考えられる．仮に 1984 年時点の大型藻（草）類の生産速度[8] を現在の DTN 吸収速度と仮定すると，DTN 収支は 3.5 mg N/m²/h 減少し，0.2 mg N/m²/h の消失となる．この場合の TN 収支は 0.9 mg N/m²/h から 4.4 mg N/m²/h の消失となり，1984 年の結果と類似してくる．さらに，この 4.4 mg N/m²/h と 7.4 mg N/m²/h の差は PON の消失速度の増大分 2.8 mg N/m²/h が，DTN の生成速度に転換していることにより理解できる．

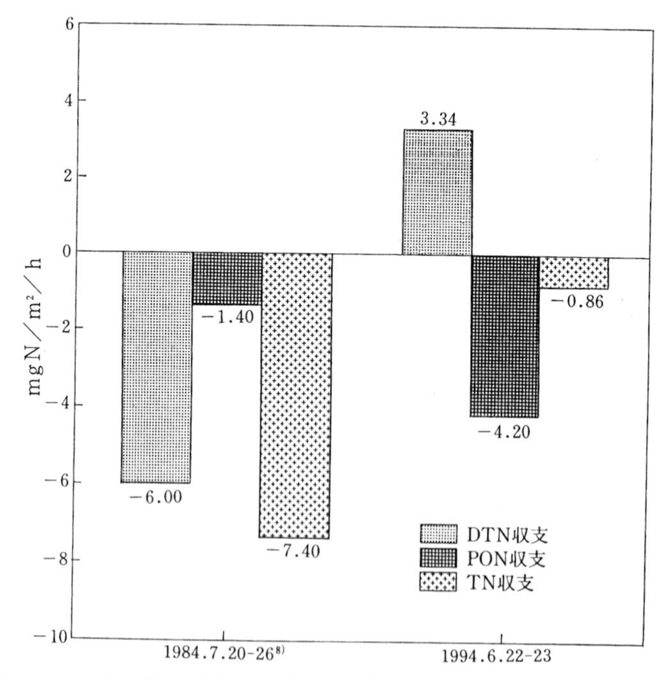


図 8·8　1984 年 7 月[8)] 時点と 1994 年 6 月時点の窒素収支（DTN，PON，TN）における干潟上での生成・消失速度の比較

このような干潟の物質収支の変化は水質浄化機能が定常的なものではなく，干潟生態系の構成要素の変化によって大きく変動することを示しており，二次

処理機能は濾過食性マクロベントスによって，三次処理機能は大型藻（草）類の繁茂の程度によって左右される可能性が高いことを示唆している．

聞き取り調査によれば 1955 年当時，ほぼ全海域に繁茂していたアマモ場は透明度の低下と連動するかのように 1970 年には激減した．これによる三次処理機能の低下も富栄養化第Ⅱ期に至る要因の一つとなっている可能性も指摘できる．

表8·1 干潟の生物および大型藻（草）類現存量（gN/m²）

| 生物項目 | 1984. 7 | 1993. 5. 21 | 1994. 6. 23 |
|---|---|---|---|
| バクテリア | 0.096 | — | 0.021 |
| 付着藻類 | 0.183 | — | 3.386 |
| メイオベントス | 0.076 | — | 0.013 |
| マクロベントス | 4.010 | 6.353 | 6.465 |
| 食生別内訳 | | | |
| 濾過性食者 | 3.334 | 5.989 | 5.080 |
| （アサリ） | 0.750 | 5.106 | 2.997 |
| 表層堆積物食者 | 0.131 | 0.065 | 0.628 |
| 下層堆積物食者 | 0.015 | 0.047 | 0.304 |
| 肉食者，腐食者 | 0.530 | 0.253 | 0.455 |
| 合計 | 4.365 | — | 9.885 |
| 大型藻（草）類 | 1.680 | | 0.124 |
| アオサ | 0.580 | — | 0.023 |
| アマモ，コアマモ | 1.100 | — | 0.101 |

今後の内湾の環境修復に必要な人工干潟の規模や構造はそれぞれの湾の富栄養化の状況と達成すべき水準によって異なり，これを評価するためには，干潟域における物質循環を包含した湾規模での水質予測シミュレーションが必要であると考えられる．干潟を含めた沿岸域の有機懸濁物除去能が湾の水質にどの程度の影響を与えるかについて予測を行った例[11]もあるが，有機物除去能を強制関数として与えた試算であり三次処理機能も含めた物質循環は定式化されていない．これを実現するためには，干潟域生態系の構造と機能を表現し，干潟生態系の構成要素の変化に伴う物質収支の変化を定量的に予測する思考モデルの作成がまず必要である．次に一色干潟におけるこの試みを紹介したい．

## §3. 干潟生態系モデルによる評価

### 3･1 干潟生態系モデルの概要

日本における干潟生態系モデルとしては東京湾磐州干潟の物質収支を解析した中田・畑[12]のモデルがある．ここでは現場観測の結果をもとにこのモデルに若干の改変を行い計算した例を紹介する．

モデルでは以下のような状態変数を考慮し，各状態変数間は図 8･9 に示した窒素フローを考えた．一色干潟の計算のために新たに設定した主な機能は各生物項目ごとに脚注で示す．

生物　：バクテリア，メイオベントス，付着藻類 *1，懸濁物食者 *2，堆積物食者 *3，海藻・海草 *4

非生物：デトライタス，間隙水の $NH_4$-N，$NO_3$-N *5

計算対象海域は図 8･5 の物質収支計算対象海域に類似させるとともに，底質，生物の分布などの小海域の特徴を表し，精度を向上させるため図 8･10 に示すように 4 分割した．ボックス境界における流れは，現場における潮位変動を再現するよう流動シミュレーションを行い求めた．1994 年における各ボックスの生物現存量および 1984 年の生物現存量も図 8･10 に示す．1984 年はデータの制限から 1 ボックスとした．

浮遊系については植物プランクトン，デトライタス，$NH_4$-N，$NO_3$-N を設

---

*1 ・水中への巻上がりを波当たりなどを考慮して小海域ごとに設定（1%～15%）
・海藻（草）による水中光の遮蔽効果を定式化

*2 ・懸濁物食者をホトトギスとアサリなどそれ以外のものに分離
・濾過速度は干潟において透明アクリルチャンバーによって実測した値を適用
・糞・偽糞の巻上がりを波当たりを考慮して小海域ごとに設定（アサリ：一律 70%，堆積物食者：20%～30%）
・ホトトギスはマットを形成し，排糞はその下に行うため，糞の巻上がりはせず，すべて底泥デトライタスに移行するよう設定
・漁獲は実測値を適用

*3 ・表層堆積物食者，下層堆積物食者，肉食者・腐食者の現存量比で摂餌量を設定

*4 ・海草は間隙水と海水の両方から栄養塩を摂取し，海藻は海水から摂取する
・枯死した海草は一旦難分解物質となり，その中から一定の割合で底泥デトライタスに移行し，枯死した海藻はすべて底泥デトライタスに移行するよう設定
・枯死または脱落した葉の系外への流出を考慮
・アオサの漁獲は実測値を適用

*5 ・脱窒速度はアセチレン阻害法による測定値（黒田，未発表）を適用

定し，干満に伴う各ボックス間の海水移動を考慮しているが，浮遊系内部での生産や捕食・分解といった物質循環は扱わず，外部境界での観測値を固定して

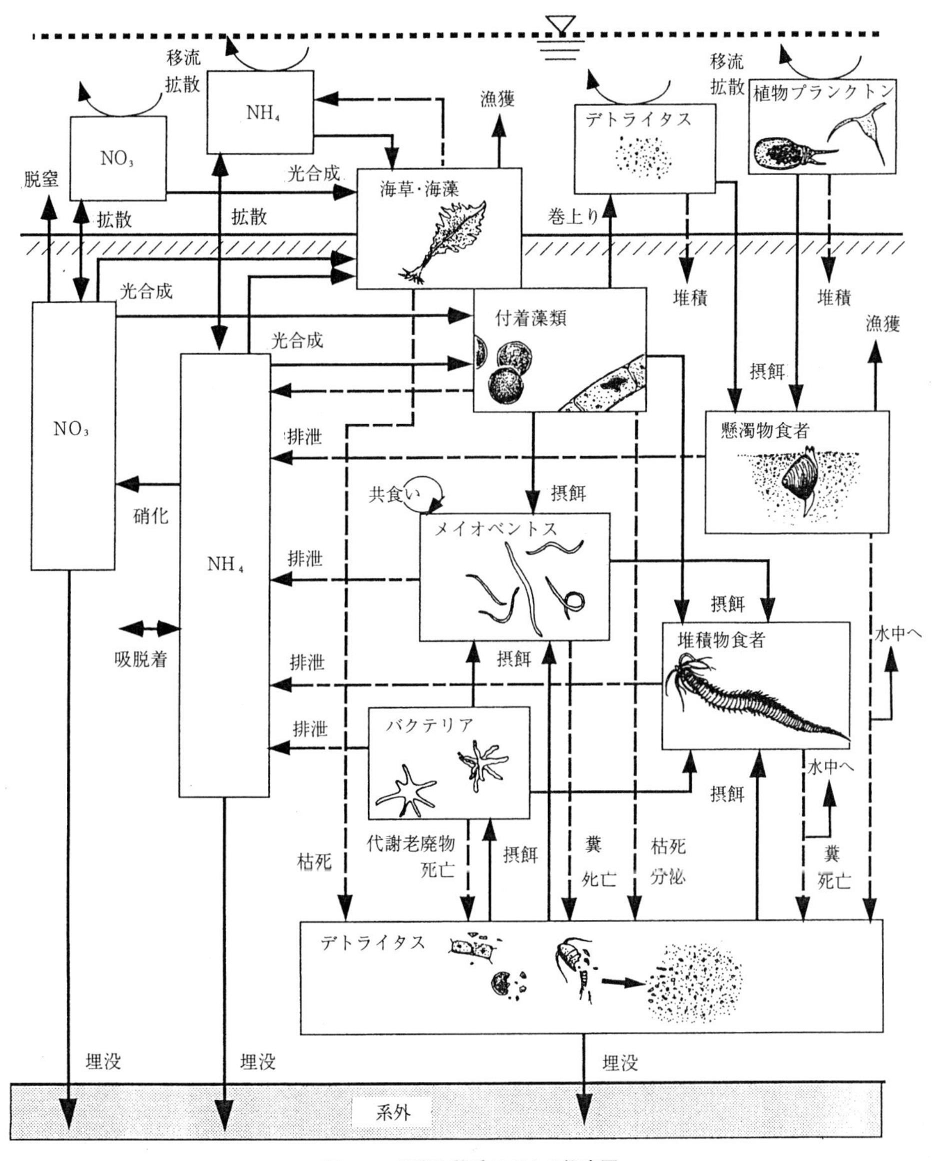


図8·9　干潟生態系モデルの概念図

与えている.

各状態変数の基本式は中田・畑[12]と同じなのでここでは省略する.

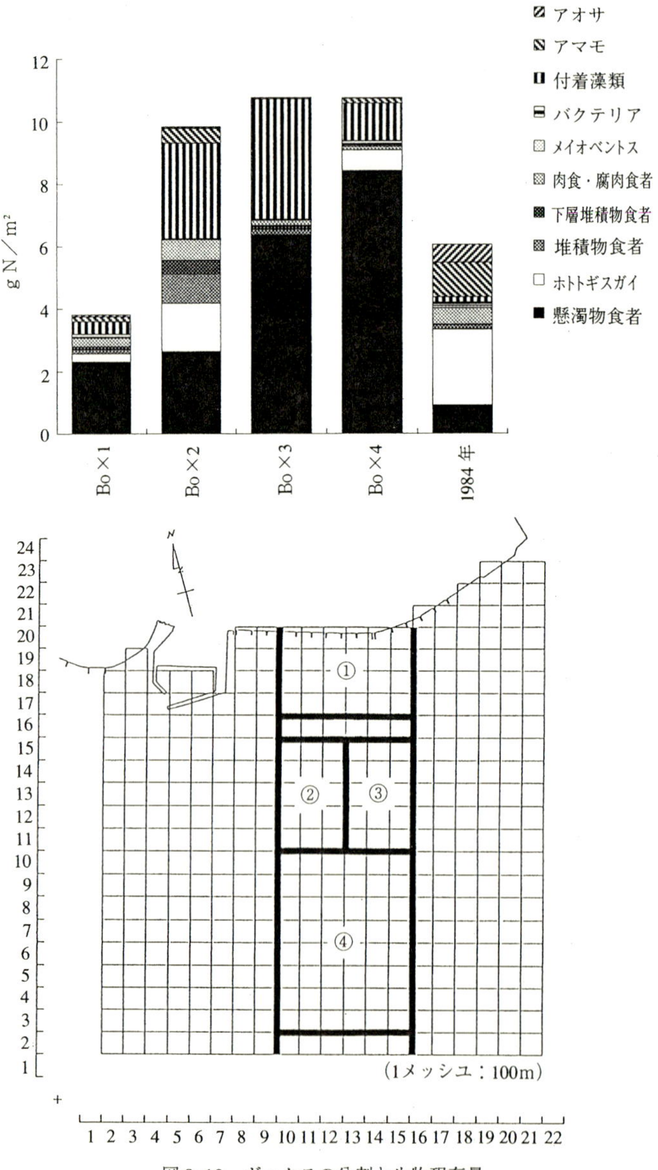


図8·10 ボックスの分割と生物現存量

### 3·2　1994 年 6 月の干潟における窒素循環

図 8·11 にボックスごとの計算結果を各ボックスの面積で重み付けした全海域の平均的な窒素循環と収支を示す.

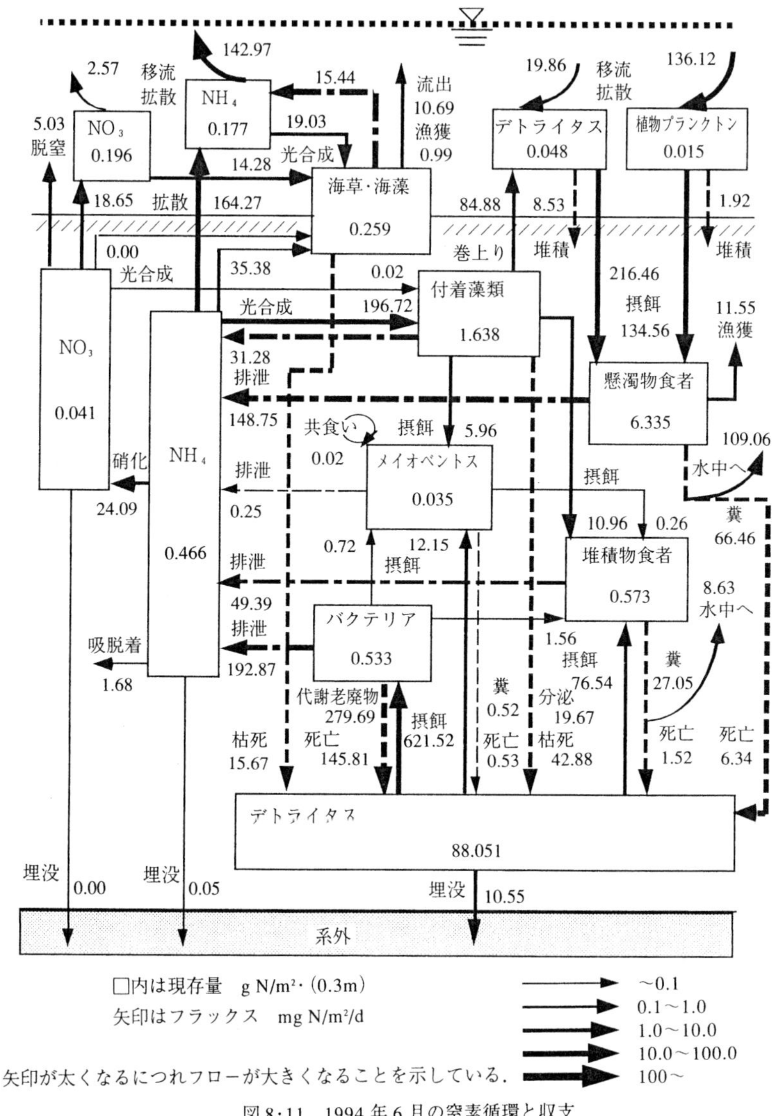


図 8·11　1994 年 6 月の窒素循環と収支

系外から供給された有機懸濁態窒素の干潟への実質的な取り込みは 156 mg N/m$^2$/day であり，付着藻類の巻上がり（85 mg N/m$^2$/day）や，懸濁物食者の糞・偽糞の巻上がり（109 mg N/m$^2$/day）などが加わり，懸濁物食者への餌料となっている．内部における物質循環に関してはデトライタスを介在するバクテリアの関与が大きく，堆積物食者やメイオベントスの関与を大きく上回っている．

間隙水の収支には，インプットではバクテリアによる分解（193 mg N/m$^2$/day）が最も大きく，懸濁物食者による排泄（149 mg N/m$^2$/day）や堆積物食者による排泄（49 mg N/m$^2$/day）もかなり大きい．一方，アウトプットでは光合成により付着藻類に吸収されるフラックス（197 mg N/m$^2$/day）が最も大きく，海藻（草）による吸収（35 mg N/m$^2$/day）はその 1/5 以下である．

海水と底泥とのフラックスだけを抽出（図 8･13）すると，植物プランクトンとして 136 mg N/m$^2$/day, デトライタスとして 20 mg N/m$^2$/day，合計 156 mg N/m$^2$/day が干潟において取り込まれ，$NH_4$-N として 142 mg N/m$^2$/day, $NO_3$-N として 2 mg N/m$^2$/day，合計 145 mg N/m$^2$/day が干潟から流出し，全体では 11 mg N/m$^2$/day のわずかな sink となっている．この収支から考えると，この時点では干潟中から 27 mg N/m$^2$/day 程度抜けてゆく状況下にあったと推測される．

### 3･3　1984 年 7 月の干潟における窒素循環

外部境界の植物プランクトンおよびデトライタス態窒素，$NH_4$-N，$NO_3$-N 濃度と脱窒速度は 1994 年 6 月の値と同じと仮定し，生物現存量を 1984 年 7 月の値とした時の平均的な窒素循環と収支を図 8･12 に示す．

干潟への実質的な有機懸濁態窒素の取り込みは 142 mg N/m$^2$/day と 14 mg N/m$^2$/day 程度減少した．このことは懸濁物食者の現存量が 1994 年時点より低かったことによっている．しかし現存量の差に比べ，有機懸濁態窒素の取り込みがそれほど減っていない理由は，植物プランクトンの取り込みは大きく減少したものの，懸濁物食者の主体がホトトギスであったため糞・偽糞の水中への巻上がりが減少（109 mg N/m$^2$/day→17 mg N/m$^2$/day）したため，付着藻類の現存量が少ないことによる巻上がりの減少（85 mg N/m$^2$/day→16 mg N/m$^2$/day）と合わせて，干潟内部におけるデトライタスの供給が減少し，実質的に系外からのデトライタスの取り込みが増加していることによっている．ホトトギスはマットを形成し，排糞はその下に行うため，巻上がりはせず，すべて底泥デトライタスに向かうよう設定した今回の定式化がどの程度の正当性を有するかは

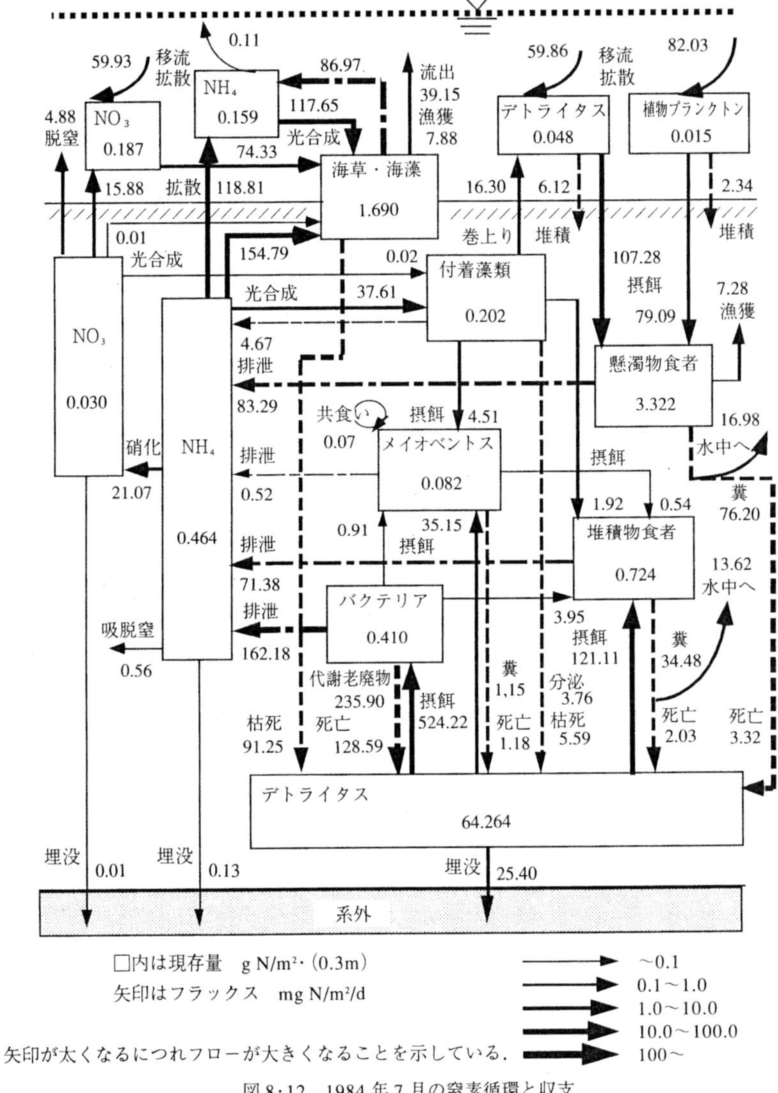


図 8·12 1984 年 7 月の窒素循環と収支

問題ではあるが，少なくとも，懸濁物食者を構成する種の特性が干潟の物質収支に大きく影響することは容易に想像できる．

内部における物質循環に関してはデトライタスを介在するバクテリアの関与が最も大きく，堆積物食者やメイオベントスの関与を大きく上回っていることは1994年と同じである．

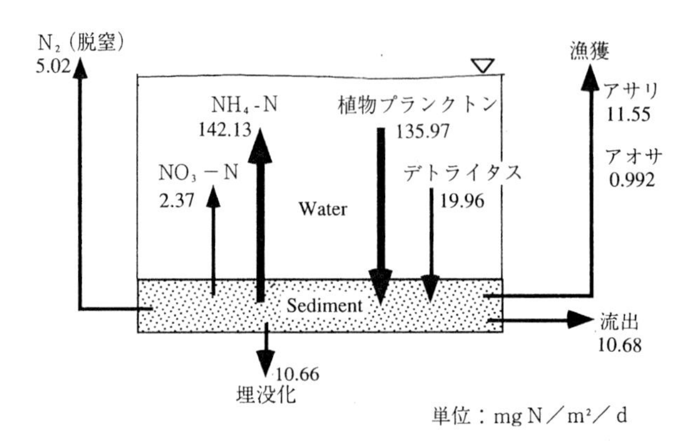


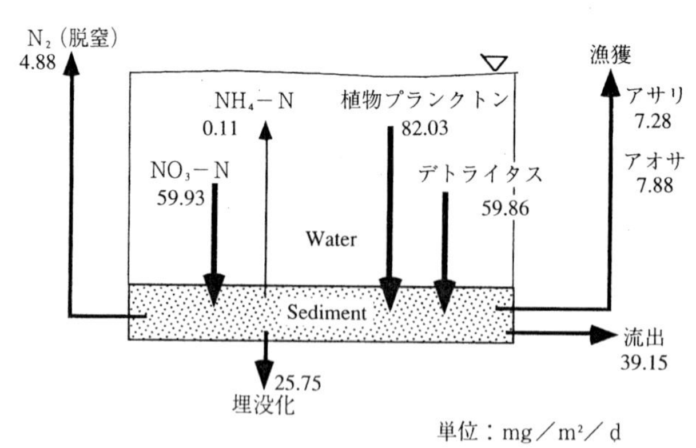


図8･13　海水と底泥との窒素収支
（上：1994年6月，下：1984年7月）

間隙水の収支もインプットではバクテリアによる分解（162 mg N/m²/day）が最も大きく，懸濁物食者による排泄（83 mg N/m²/day）や堆積物食者による排泄（71 mg N/m²/day）もかなり大きい．一方，アウトプットでは光合成により付着藻類に吸収されるフラックスが大きく減少し（197 mg N/$m^2$/day→38 mg N/$m^2$/day），それに代わって海草による吸収（35 mg N/$m^2$/day→155 mg N/$m^2$/day）が最も大きくなっている．海藻（草）による水中における栄養塩吸収が6倍程度増加している（33 mg N/$m^2$/day→192 mg N/$m^2$/day）のも特徴である．

海水と底泥とのフラックスだけを抽出した図8·13によれば植物プランクトンとして82 mg N/$m^2$/day，デトライタスとして60 mg N/$m^2$/day，合計142 mg N/$m^2$/dayが干潟に取り込まれ，一方，$NH_4$-Nの流出は0になり，$NO_3$-Nとして60 mg N/$m^2$/dayが取り込まれ，合計60 mg N/$m^2$/dayが干潟に取り込まれ，全体では202 mg N/$m^2$/dayの大きなsinkとなっている．

この収支では干潟中に117 mg N/$m^2$/day程度蓄積されていく状況にあったと推測され，1994年時点との相違の最大の要因は大型藻（草）類による取り込みである．

### 3·4　モデルの再現性

モデルを構成する素過程は多くの不確定要素を含んでいるため，モデルが思考モデルとして妥当なものであるかどうかは，実際の現場における物質収支結果との比較によって評価することになる．このモデルでは水中での光合成による溶存態から懸濁態への転換が考慮されていないので，比較するにはその内部転換分を見積もる必要がある．単位クロロフィル当たりの光合成活性を3 mg C/mg.chl*a* /hとし，C/N比を5として平均クロロフィル*a*現存量から概算[8]すれば，1994年6月の平均光合成速度は50 mg N/$m^2$/dayと計算される．この値をDINからPONへの内部転換速度とすれば系外との実質的な収支は図8·14に示す値となり，DON（溶存有機態窒素）は生産に寄与しないと仮定し，単位換算すれば図8·8に示した現場でのPON，DTNの生成消失項の値とよく一致する．

1984年時点の数値計算結果も同様に，内部転換速度は約100 mg N/$m^2$/dayと計算[8]されており，実質的な収支はやはりボックスモデルによる生成消失項の値とよく一致した．このことはモデルの再現性が良好であることと，水中における植物プランクトン生産も干潟の物質収支においてかなり重要であることを示唆している．

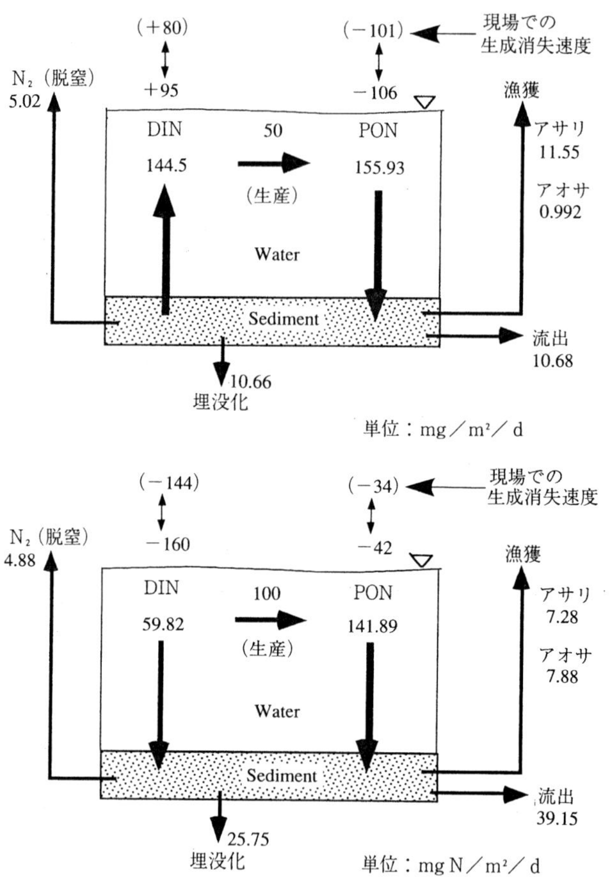


図 8·14　水中での生産を考慮した海水と底泥との窒素収支
（上：1994 年 6 月，下：1984 年 7 月）

### 3·5　大型藻（草）類の現存量変化が物質収支に与える影響の解析

1994 年 6 月の海（草）藻現存量だけを 1984 年 7 月の現存量に変えた場合の計算結果を図 8·15 に示す．これによると，溶存態の流出は，逆に 21 mg N/m²/day の取り込みとなり，有機懸濁態の取り込みも179 mg N/m²/day となり 23 mg N/m²/day 増加した．有機懸濁態の取り込みの増加は大型藻（草）類の繁茂により，付着藻類現存量が低下し，その分，巻上がりも減少したため，実質的に系外からのデトライタスの取り込みが増加したことによっている．この数値実験で最も重要なことは，大型藻（草）類の存在によって，二次処理機能が向上するとともに，干潟における全窒素の収支が 11 mg N/m²/day のわずかな sink から 200 mg N/m²/day の大きな sink になり，三次処理機能が大幅に向上したことである．さらに，アオサの漁獲も 1984 年の状況に変えた場合には，この傾向がさらに強まることも計算された．

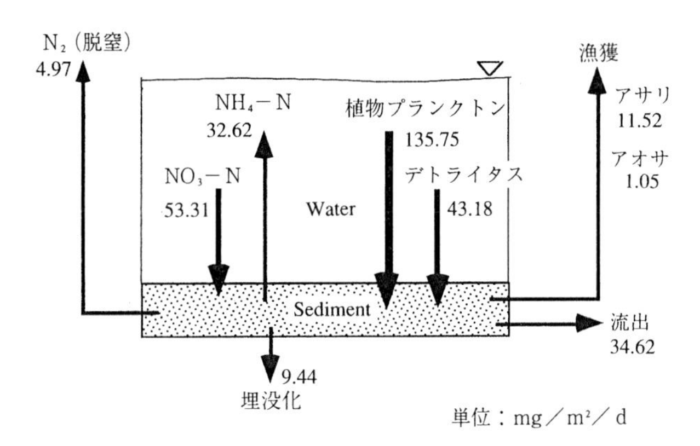


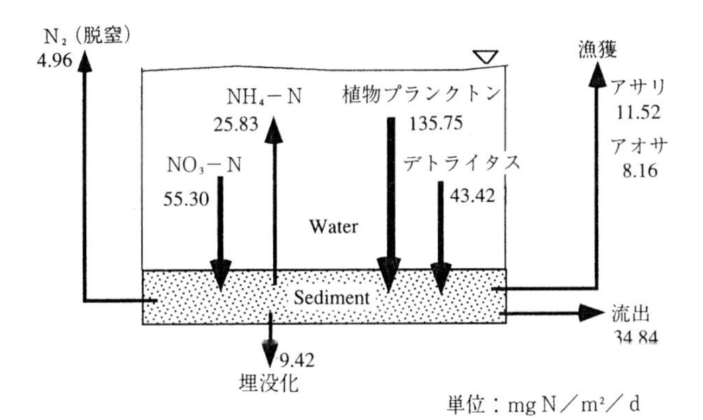


図 8・15　（上）1994 年 6 月時点の大型海（草）藻類現存量を1984 年 7 月時点の値に変えた時の海水と底泥との窒素収支
（下）大型藻（草）類現存量とともにアオサの漁獲条件も 1984 年 7 月時点の値に変えた時の海水と底泥との窒素収支

このように現時点における大型藻（草）類の増加が水質浄化機能の向上にとって重要であることは明らかである．ただ，この計算は現状の濾過食性者の存在と 10 年前の大型藻（草）類の存在が競合しないという仮定に基づいている．現在のマクロベントス現存量の水準は，大型藻（草）類の減少が干潟表面への光量を増加させ付着藻類生産力を高めるとともに，無機栄養塩を植物プランクトンの内部生産に振り向けることによってマクロベントスの餌料環境を向上させ，二枚貝漁場の面積を増加させたことによっていると思われ，二次処理機能と三次処理機能とは同一の海域では競合してしまう．大型藻（草）類の減少は二枚貝類の漁獲量の増加によって三次処理機能を促してはいるが，栄養塩類の除去という三次処理機能の増加を図るためには，大型藻（草）類の増加がより効果的であることをこの計算は示しており，そのためにはある程度の二次処理機能や二枚貝類の漁獲の減少を前提にしなければならないかもしれない．大型藻（草）類群落が魚類幼稚仔の保育場としての重要な機能も有することを考慮すると藻場が少ない現在の状況が過去に比べてよいとは一概にはいえない．

富栄養化防止対策の中で干潟など沿岸生態系の保全・回復は重要な柱とされ，干潟の保全や積極的な造成が提言されている．しかし，従来の人工干潟は親水性などの物理的修復面が重視され，それらのもつ水質浄化機能という環境修復面での配慮は希薄であり，埋め立てによる喪失に比べ面積的に極めて小規模なのが実状である．さらに自然干潟に比べ水質浄化機能が低く，かつ不安定であるという指摘[13]もある．人工干潟は海域全体の物質収支を改善する規模と構造を確保する必要があり，いわんや開発行為の代替としての単なる“刺身の具”に終わっては漁業者にとって何の意味もない．

負荷の削減を短期的に達成することが困難な状況下では，今後早急に，最大の水質改善効果をもたらすような二次処理機能と三次処理機能との適正なバランスを有する干潟の構造を決定し，環境修復に必要な人工干潟の造成面積と，そのための砂の確保などを検討する必要がある．ダムなどにより砂そのものが海域に少なくなっている現状では，砂の確保の可否は人工干潟造成の可能性にとって重要な要素である．

また，造成後の管理についての検討も重要である．仮に，造成後に放置した場合，ヒトでなどの非有用種や食害生物の増加，地盤高の変動，アオサの大量発生などによってアサリを中心とした濾過食性マクロベントスやその漁獲が減少し二次処理機能が低下し，三次処理機能との適正なバランスを維持した上での浄化機能の最大化は困難となる可能性がある．これは漁業活動が行われなくなった海域でしばしばみられることである．水質浄化機能を最大に維持するには人的労力が必要であり，その行為を経済的に裏付ける費用も必要である．そのためには浄化能力を担う二枚貝や藻類は有用種であることが望ましい．その理由は，漁獲による三次処理機能の増加とともに二次処理機能を持続的かつ最大に維持する地盤高調整や稚貝放流，密度分散，食害生物の除去，アオサの間引きなどの努力，言い替えれば遷移を停止させる作業は漁業生産活動そのものであり，この漁業経営の安定を図ることが肝要だからである．これが損なわれることは，代替としての社会的負担を受益者である一般市民が担わなければならなくなり，トータルとしてみたとき大きな社会的損失となる．

浄化機能が低下する冬季においてもノリによる取り上げと，ノリへの栄養塩供給者としての濾過食性者の存在は重要であり，漁業による人為的管理の存在なしに，単なる土木工学的要素の選択と，放置では浄化機能の向上と安定化は困難である．藻場造成と藻場の保護を干潟造成とゾーニングさせ，そこに漁場としての管理を行うことにより干潟の水質浄化機能の最大化とその維持が可能であると考える．さらなる埋め立てを停止し干潟域の保全を図ることはいうまでもない．

最後に，この小論を書くにあたって，有益な助言を頂いた工業技術院資源環境総合技術研究所　中田喜三郎博士，（株）日本海洋生物研究所　今尾和正氏に感謝します．

## 文　献

1）石田基雄・原　保：愛知水試研報告，3，29-41（1996）．

2）日比野雅俊・井関弘太郎：三河湾とその集水域の環境動態，「環境科学」研究報告集 B25-R13-1（1），1-50．

3）蔵本武明・中田喜三郎：物質循環モデル，漁場環境容量（平野敏行編），恒星社厚生閣，1992，pp.85-103．

4）青山裕晃・今尾和正・鈴木輝明：干潟域の水質浄化機能，月刊海洋，28，178-188（1996）．

5）青山裕晃・鈴木輝明：愛知水試研報告，3，17-28（1996）．

6）秋山章男：底生生物の挙動と食物連鎖，潮間帯周辺海域における浄化機能と生物生産に関する研究，1988，82-102．

7）松川康夫：中央水産研究所研究報告，1，1-74（1989）．

8）佐々木克之：沿岸海洋研究ノート，26，172-190（1989）.

9）三河港海洋利用研究会：三河港海洋利用研究会（平成6年度）技術検討報告書，1995，pp.130.

10）愛知県：増殖場造成事業効果調査報告書，1990，pp.1-94.

11）堀江　毅：内湾における物質循環モデルと浄化工法，河口・沿岸域の生態学とエコテクノロジー，1988，pp.212-232.

12）中田喜三郎・畑　恭子：水環境学会誌，17，158-166（1994）.

13）木村賢史・三好康彦・嶋津暉之・紺野良子・赤澤　豊・大島奈緒子：東京都環境科学研究所年報，89-100（1992）.

# 9. 水域環境改善工法による生物機能の効率化

武 内 智 行*

生物機能を利用した環境修復・環境保全を図る場合，水域の環境条件が少なくとも利用する生物の生息可能な範囲になければならない．多くの場合，好気的環境の維持が必要であろう．したがって，生物機能を効率的に発揮させるためには，土木的手法を用いた水質・底質改善を合せて行うことも場合によっては必要と考えられる．

## §1. 水域環境改善工法

水域の物理・化学的環境の改善は，水質改善と底質改善とに大別できる．水質・底質のいずれも流動環境と密接な関わりがある．できる限り自然エネルギー（潮汐および波など）を利用した工法を選択する．動力（人工エネルギー）を利用した工法は原則的には望ましくない．また，利用できるエネルギーは何かを検討し，対象水域に適した工法を選択する必要がある．本章では，水産土木の分野で開発され，使用されてきた工法の概要を紹介する．

### 1·1 水質改善・保全工法

**1·1·1 潮汐エネルギーの利用** 潮汐エネルギーを利用する工法には，①湾口改良，②新水道開削，③作澪，④導流堤（潮流制御工），⑤内部潮汐や内部跳水の利用，などがある．

湾の水理特性と水環境改良保全工法は表 9·1 のようにまとめられている[1]．閉鎖性の深い湾では，湾口改良や新水道開削；閉鎖性の浅い湾では，この他に，作澪，潮流制御工；開放性の深い湾では，潮流制御工，内部潮汐利用；開放性の浅い湾では，作澪，潮流制御工などが用いられる．これらはいずれも潮汐などの自然エネルギーを利用する工法である．どうしても自然エネルギーの利用が困難な場合は，機械エネルギーを用いた鉛直混合（ポンプ，エアバブル）による水質改善を図ることもある．

* 水産庁水産工学研究所

表9·1　湾の水理特性と水環境改良改善工法[1]

| 湾の種類 | 水理機構・水理特性 | 水環境改良保全工法 | | 地区例 |
|---|---|---|---|---|
| | | 自然エネルギー | 機械エネルギー | |
| 1．閉鎖性の深い湾 | 海水交換が主として拡散によって行われる．海水交換は必ずしも悪くないが，鉛直混合不良，成層が発達し下層水は高鹹低温，表層水低鹹高温． | 湾口改良<br>新水道の開削 | 鉛直混合<br>（ポンプ，エアバブル） | 日向湖<br>久美浜湾<br>加茂湖<br>大村湾 |
| 2．閉鎖性の浅い湾 | 海水交換が主として拡散によって行われる．流入外海水は湾奥まで達せず，湾内水は往復運動を行いがちである．湾口から湾奥に向うにつれて水質が悪くなる．（水帯形成） | 作澪<br>湾口改良<br>新水道の開削<br>潮流制御工 | ―――― | 浜名湖<br>松川浦 |
| 3．開放性の深い湾 | 海水交換は主に移流によって行われ，一般には良好．夏季は内部潮汐による海水流動がある．しかし密殖などにより人為的に水質悪化が起こる場合がある． | 潮流制御工<br>内部潮汐利用 | 鉛直混合<br>（ポンプ，エアバブル） | 野見湾<br>小筑紫湾 |
| 4．開放性の浅い湾 | 2．と同じ | 作澪<br>潮流制御工 | ―――― | 松島湾 |

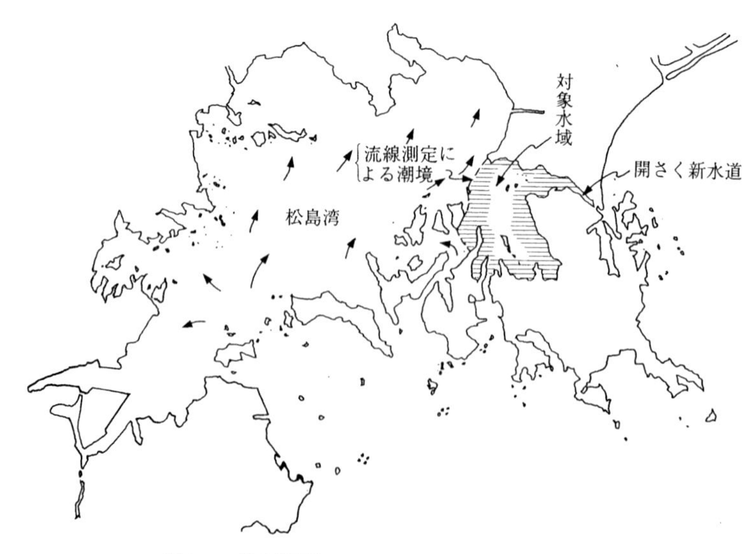


図9·1　新水道開削の例（宮城県松島湾潜ヶ浦）[2]

湾の海水交換率はおおよそ 0.1～0.2 である．この値の定義は海水交流量に対する実質的な交換量の割合であり，海水交換量の絶対値ではないことに注意する必要がある．この値に海水交流量をかけた量が海水交換量である．海水交換率が若干高くても，海水交流量が少なければ水質の保全・改善は望めない．

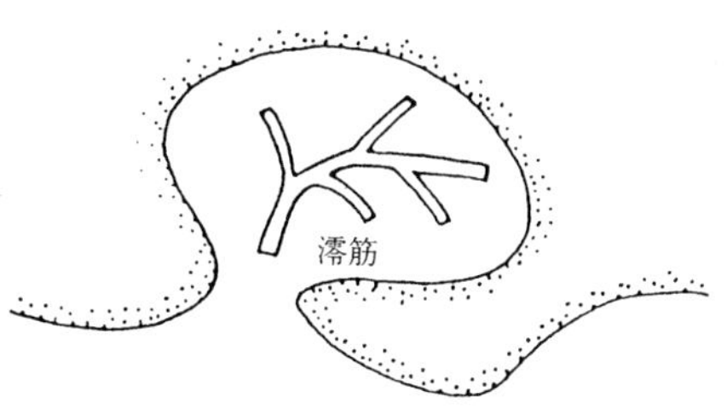


図 9·2　澪筋の配置 [1)]

湾の海水交流量は湾の地形特性（湾口部の形状や湾の面積など）と外海の潮汐特性とで決まる．湾口部の形状を海水交流量が最適（最大）になるようにするのが湾口改良である．なお，湾奥部に海水が滞留して水質悪化を生じている場合には新水道開削が適用される．新水道の入口と出口とで水位差のあること，新水道の通水断面が現湾口に対比できる大きさであることが必要である．これは，たとえば松島湾（図 9·1）やサロマ湖で実例がある．

澪を掘る作澪は，できるだけ湾奥にまで外海水が到達するように水路を掘る（図 9·2）．また流れを助長する方向に水路を配置する．水深の浅い湾や干潟に適した工法である．

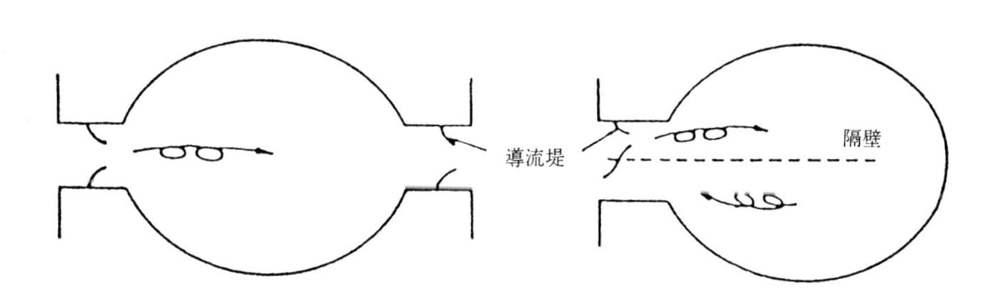


（a）湾口が 2 つある場合　　（b）湾口が 1 つの場合

図 9·3　流量係数の差による潮流制御 [1)]

潮流制御工は導流堤などを用い，流れの向きや強さを制御して海水交流を助長する工法である（図 9·3，図 9·4）．流れのもつ運動エネルギーを利用する工法であるので，ある程度の流速がないと効果が出にくい．また，構造物の設置は流れへの抵抗となるので，十分な検討を行わないと，かえって逆効果になるおそれもある．図 9·3 は平面的な流れを制御する工法の例である．(a) は口が 2 つある場合に，導流堤を一方向の流れが生じるように配置して，海水交換が行われやすいようにしようとする例である．(b) は口が 1 つの場合に導流堤を設置して，湾の奥にまで流れが到達するようにしようとする例である．図 9·4 は水平循環流を助長して湾奥の海水交流を促進しようとする例である．ただし，この工法は鉛直循環流を抑えることになり，逆に海水交換が悪くなることがあるので，事前の十分な調査検討が必要である．

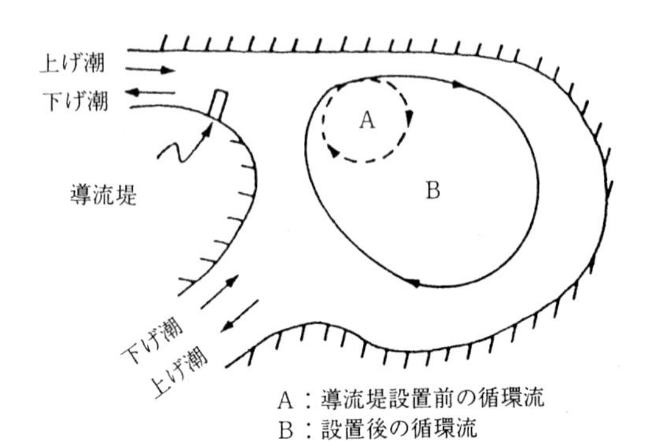


図 9·4　水平循環流を助長する導流堤の配置 [1)]

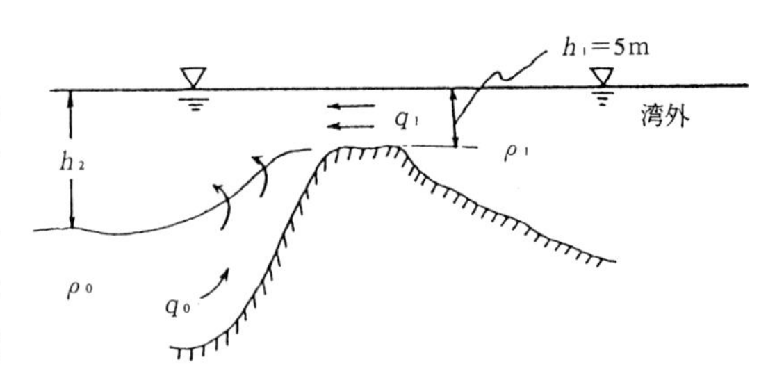


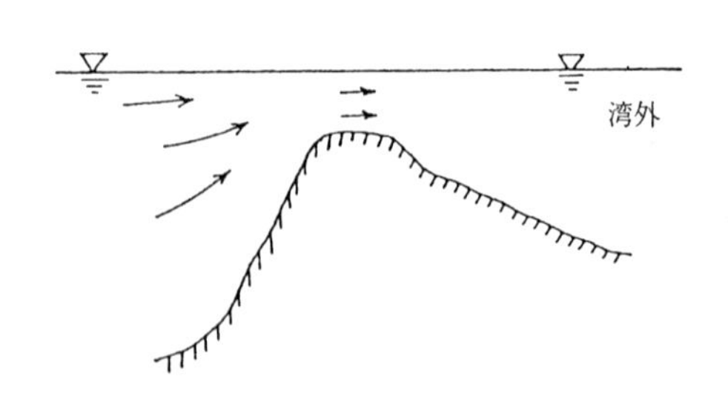


図 9·5　内部跳水を利用した底層水の連行 [2)]

内部潮汐や内部跳水を利用する方法は，密度流的な現象をうまく利用して海水交換をはかる方法である．内部潮汐は表面潮汐に比べて振幅が大きいので，海水交換に大きく寄与している場合がある．そのような場合は内部潮汐をできるだけ助長して利用することが考えられる．内部跳水は上層水と下層水との混合をもたらすので，鉛直混合による水質改善を期待することができる（図9･5）．

**1･1･2　波エネルギーの利用**　波エネルギーを利用する工法は，①越波導水工，②滞積水位を利用した導水工，に大別できる（図9･6）．

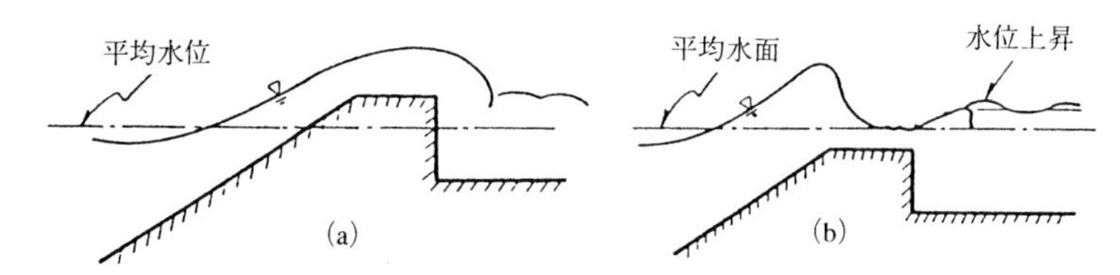

図9･6　波のエネルギーを水位上昇に用いる工法例[1]

①は波を狭窄させて波浪エネルギーを集中させ，小さな波でも取水堰を越波するようにして，増殖溝などの水路や水域に海水を導入する工法である（図9･7）．

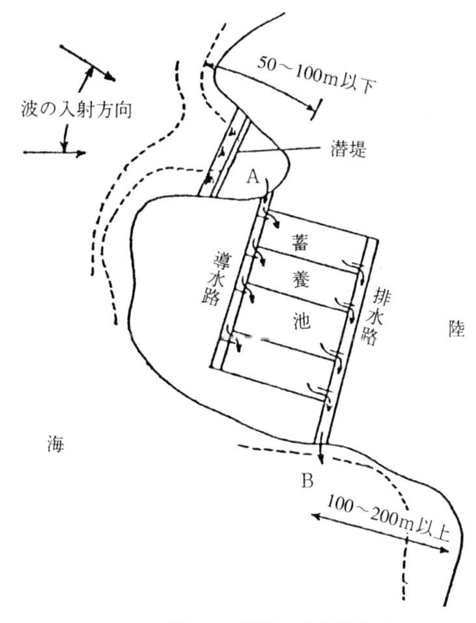

図9･7　波浪による通水[2]

②は波を潜堤上で強制的に砕波させ，それによる水位上昇（ウェーブセットアップ）が生じることを利用して導水する工法である．この考え方を応用したものとして潜堤付き孔空き防波堤がある（図9･8）．これはいくつかの漁港の水質改善に実

用化されている．たとえば，福岡県志賀島漁港外港ではその環境改善効果が実証されている[3]．

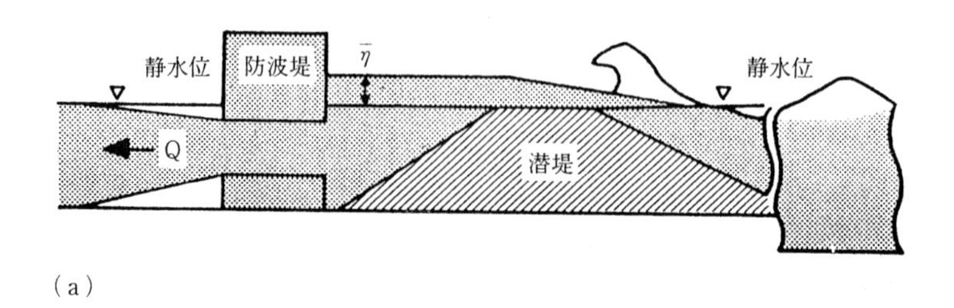


（a）

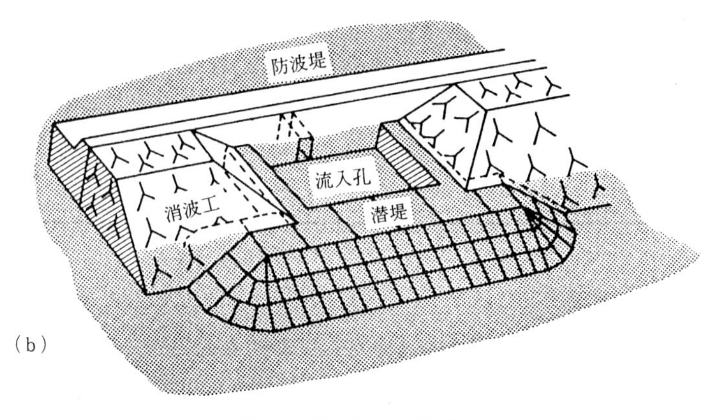


（b）

図 9・8　潜堤付孔空き防波堤[1]
(a) 断面図，(b) 完成図

**1・1・3　人工エネルギーの利用**　　動力（人工エネルギー）を利用する工法には，①エアバブルカーテンによる鉛直混合，②ポンプによる悪水排除あるいは外海水導入，などがある．

①はコンプレッサーなどにより海底から気泡を噴出し，鉛直混合を促進するとともに，酸素溶入も促進して水質改善をはかる工法である．②は湖や湾深部にたまった悪水をポンプで排出したり，あるいは外海水を湾や湖に導入したりして水質改善をはかるものである．

これらの動力を用いる工法は，維持管理に費用がかかるので，原則として避けるべきである．しかし，どうしても自然エネルギーの利用が困難な場合はやむを得ない．

**1･1･4　最近の新しい試み**　最近の新しい試みとして，①潮汐ダム，②波エネルギーを利用した表層水の下層への導水，などの現地試験や室内実験が行われている．

①は木村ら[4]が考案した工法である．湾の浅所の一部に設けた貯水池と湾深部を導水管で結ぶことによって，潮汐の干満で流出入する貯水池内の海水を湾深部に噴出し，これでもって湾海水の鉛直循環を促進し，夏季底層の貧酸素化を防止するものである（図 9･9）．まだ実用化には至っていないが，高知県の浦の内湾で小規模な実証試験が行われた．原理的には図 9･9 の下段の 3 通りが考えられるが，実用的にはⅡのタイプが適当であろう．上げ潮時に酸素に富んだ水をダムに貯留し，下げ潮時にダム内外に水位差がついた時に下層の貧酸素水層に放流し，酸素補給を行うという工法である．

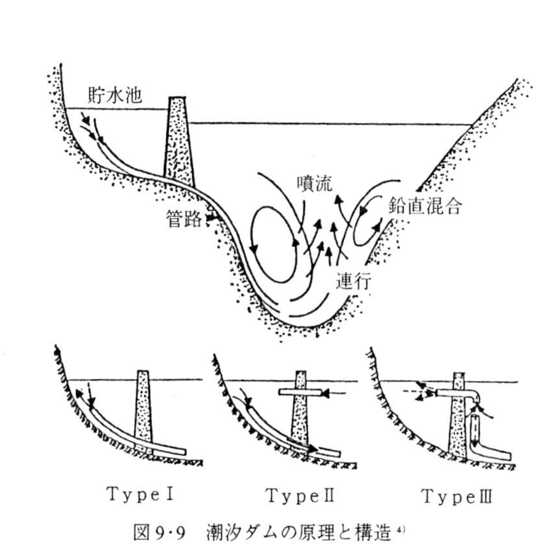


図 9･9　潮汐ダムの原理と構造[4]

②は山本ら*が室内実験を行ったものである．閉鎖性の深い湾内に設置して小さい波を利用して表層水を底層に送水することにより設置域の周辺環境を局部的に改良することを目的としている．フロート式潜堤装置に波を当て，波エネルギーによる水位上昇を利用して表層水を下層に導く方法である．まだ，基本的性能の実験にとどまっている．

この他にも，礫間浄化法を防波堤や護岸に応用する試みなども行われている．

## 1･2　底質改善工法

底質は水質と同様に，前述の流動環境の制御によって改善することができる．

* 山本正昭・山崎一幸：平成 7 年度日本水産工学会学術講演会論文集，149-152（1995）

その他に，底質を直接改善する工法には，①覆土（覆砂），②耕耘，③曝気，などがある．しかし，これらの工法では，一時的な改善効果はみられても，負荷量の削減や浄化能力の向上を伴わなければ，長期的には従前の状態に戻ってしまう可能性が高く，抜本的な解決策にはならない．

浅い場所の底質条件の改善には，④制砂工，を用いることもある．ただし，底質の粒度組成を目標条件に改善するのが第 1 の目的であるので，このシンポジウムでの化学的環境の改善には必ずしも対応しない．これは突堤などを設置して漂砂を制御し，周囲の底質の粒度組成を目標とする条件に改善する工法である．小規模には，干潟などで低い導流堤をハの字型に配置して侵食・堆積を生じさせ，底質組成に多様性を与え，目標とする条件にあった場所をつくる工法がある．

また，藻場造成などにおける⑤基質設置は新たな底質の設置に相当するので，底質改善工法の一種と考えてよいであろう．

## §2. 生物環境に配慮した事業の動向

これからは，環境問題への関心の深まりの中，アメリカのミティゲーション制度にもみられるように，開発の適否も含め，環境影響を緩和する対策や環境修復を行うことが不可欠であろう．

1994 年 12 月に閣議決定された環境基本計画[5]においては，社会資本整備などの事業の実施に際して，「港湾，漁港，海岸等の社会資本整備等の事業の実施に当たって，地域の特性に応じ，生物の生息・生育地の確保や景観保全への配慮を進めるとともに，緑地や親水空間等の整備を進める」，「沿岸域において，埋立を行う場合には，環境保全の観点からその位置・規模等を検討し，干潟の保全等環境保全に十分配慮するとともに，必要に応じ，干潟・海浜等を整備する」，「人間の活動により野生動植物に取り返しのつかない影響を与えないようにするため，各種事業の実施に際して，事業の特性や具体的程度に応じ，事前に十分に調査・検討を行うとともに，影響を受ける可能性のある生物の生息・生育に対し適切な配慮を行う」，ことなどが述べられている．

最近の漁港・海岸・港湾事業などでは周辺の生物環境に配慮した工法として，生物の生息条件や浄化能力の維持を考慮した工法を模索している．例えば，防波堤のマウンドや消波ブロックを海藻の着生しやすい構造にしたり，防波堤そのものを浄化機能をもつ構造にすること，などが考えられている．

沿岸漁場整備開発事業は，6 年毎に計画が策定され，現在は第 4 次沿岸漁場整備開発計画（1994～1999 年度）が進行中である．第 4 次計画では，「青く豊かな海」を確保するとの観点から，藻場・干潟の造成を従来にも増して重点的に実施することになった．藻場・干潟は，水産生物の産卵場，生育場，隠れ場，餌料源となっており，水産資源の増大のために重要である．さらに，その他生物の生息場などにもなっており，また水域の環境浄化機能を有しており，国民の貴重な財産でもある．

漁港漁村整備事業では，「自然調和型漁港づくり」[6] が推進されている．これは，海水交流による水質保全・改善を図ったり，防波堤に周辺環境と調和するような機能を付加させようというものである．この事業は，以下の事業を総合的に実施するものである．

①周辺環境などの調査
- 周辺環境調査，工法の検討

②海水交流の促進・水質の保全
- 海水交流を促進する構造を有する防波堤などの整備
- 漁港内で発生する汚水などの処理

③漁港施設の構造に周辺の自然環境などの配慮
- 水産動植物の生息，繁殖が可能な防波堤，護岸などの整備
- 自然環境への影響を緩和するための海浜などの整備

④整備後の追跡調査の実施
- 採用した構造，工法の適用性の検証，実施前後の比較などを行い事例の収集，技術的知見などの蓄積を行う．

ここで，従来の漁港事業と特に異なる点は，追跡調査を行って知見の集積，普及を図ろうとする点であろう．

海岸事業では，自然と共生する海岸整備を図ろうとしている．従来は，国土保全の観点から，防災機能を最優先に「線的防護方式」を中心に事業が行われてきたが，最近は「面的防護方式」の整備手法もとられるようになってきた．また，親水機能や環境保全機能に配慮した整備事例が増加している．

港湾整備事業では，新たに1994年度から，エコポート（環境共生港湾）事業[7]を推進している．これは，従来からの環境関連事業の充実を図りつつ，総合的，計画的に環境に関する取組を行うものである．具体例として，人工干潟，リビングフィルター，人工海浜，浄化式護岸，透過式防波堤などがあげられている（図9·10）．

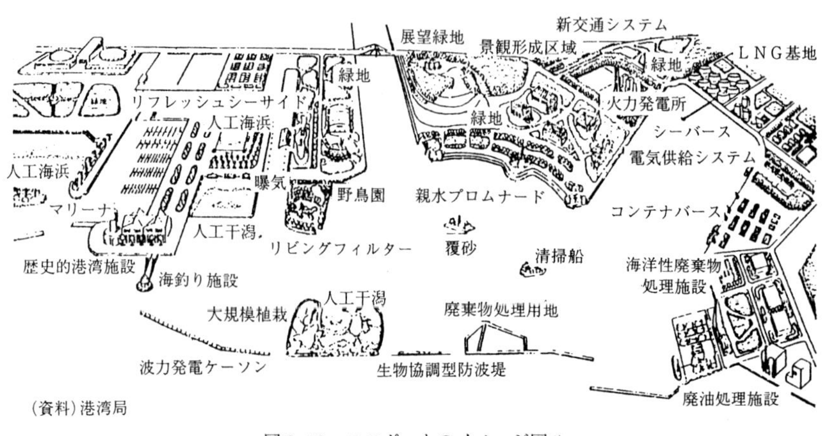


図9·10　エコポートのイメージ図[7]

海域の物質循環を考慮し，維持管理の容易な環境浄化システムを確立する必要がある．そのためには，物質循環系における生物機能の適切な評価と利用も重要な課題である．

今後の課題としては，

①海域の物質循環・物質分布機構の解明

②流動・水質・底質と生物との相互関係の解明

③物質循環系における生物機能の適切な評価と利用

などがあげられよう．これらの課題の解明を推進することによって，維持管理の容易な持続的な環境浄化システムの確立を目指す必要がある．

人類が沿岸域で生活していくには，沿岸域の自然環境の高度利用・有効利用は必然といわざるを得ない．一方で，地球環境の観点からは生産性の高い沿岸海域の環境の再生（修復）・改善・保全は非常に重要である．したがって，沿岸域の環境，特に生態環境に配慮した利用を心がける必要がある．今後は「沿岸生態環境工学」ともいうべき，「沿岸域の生態系保全と有効利用」を両立させるための手法の確立が課題であろう．

## 文　献

1）水産庁監修：沿岸漁場整備開発事業施設設計指針（平成4年度版），（社）全国沿岸漁業振興開発協会，1993，411pp.
2）中村　充：改訂水産土木学，工業時事通信社，1991，561pp.
3）山本　潤・武内智行・中山哲嚴・田畑真一・池田正信：海岸工学論文集，**41**，1096-1100（1994）.
4）木村晴保・李炯来・伴　道一・宗景志浩：水産工学，**31**，201-208（1995）.
5）環境庁編：環境基本計画，大蔵省印刷局，1994，160pp.
6）仲本　豊：漁港，**36**，3-16（1994）.
7）運輸省港湾局編：環境と共生する港湾<エコポート>，大蔵省印刷局，1994，87pp.

水産学シリーズ〔110〕　　定価はカバーに表示

生物機能による環境修復―水産におけるBioremediationは可能か

Environmental Bioremediation by Biological Processes
—The Possibility of Bioremediation in Fisheries Environments

平成8年10月10日発行

編　者　石田祐三郎
　　　　日野明徳

監　修　社団法人 日本水産学会
〒108 東京都港区港南 4-5-7
東京水産大学内

発行所　〒160
東京都新宿区三栄町8
Tel (3359) 7371 (代)
Fax (3359) 7375
株式会社 恒星社厚生閣

水産学シリーズ〔110〕

生物機能による環境修復

―水産におけるBioremediationは可能か

(オンデマンド版)

2016年10月20日発行

編　者　　石田祐三郎・日野明徳

監　修　　公益社団法人日本水産学会
〒108-8477　東京都港区港南4-5-7
東京海洋大学内

発行所　　株式会社 恒星社厚生閣
〒160-0008　東京都新宿区三栄町8
TEL　03(3359)7371(代)　FAX　03(3359)7375

印刷・製本　　株式会社 デジタルパブリッシングサービス
URL　http://www.d-pub.co.jp/



ISBN978-4-7699-1504-1　　Printed in Japan